江南草木记

王寒 著

浙江工商大学出版社

图书在版编目（CIP）数据

　江南草木记 / 王寒著 . —杭州:浙江工商大学出
版社 , 2018.1
　ISBN 978-7-5178-2157-1

　Ⅰ . ①江⋯ Ⅱ . ①王⋯ Ⅲ . ①植物－华东地区－图集
Ⅳ . ① Q948.525-64

中国版本图书馆 CIP 数据核字（2017）第 103489 号

江南草木记

王　寒著

出 品 人	鲍观明　汪海英	
策划编辑	沈　娴　胡珊珊	
责任编辑	吴岳婷　沈　娴	
封面设计	王妤驰	
插　　画	郑思佳	
责任印制	包建辉	
出版发行	浙江工商大学出版社	

（杭州市教工路 198 号　邮政编码 310012 ）
（ E-mail:zjgsupress@163.com ）
（ 网址:http://www.zjgsupress.com ）
电话:0571-88904980,88831806（传真）

排　　版	墨芊工作室	
印　　刷	杭州恒力通印务有限公司	
开　　本	787 mm×1092 mm　1/32	
印　　张	9.125	
字　　数	182 千	
版 印 次	2018 年 1 月第 1 版　2018 年 1 月第 1 次印刷	
书　　号	ISBN 978-7-5178-2157-1	
定　　价	68.00 元	

自序

一花一世界

春天来了，太阳好起来了。电影《瓦尔特保卫萨拉热窝》中，地下党人的接头暗语就是："春天来了，仿佛空气在燃烧。"

春风一暖，花一朵一朵地开，像是写给大地的情诗，再是温厚内敛的花朵，到了春天，都变得热情奔放。亲近自然的人，总是格外关注天空与飞鸟、大地与露珠、节气与植物。他们知道哪一个节气哪种花最是曼妙，哪个角落的桃花开得最早，哪个山野的杏花最是闹腾。

春天真是好，让世间万物充满精气神。植物在冬天蛰伏着，仿佛韬光养晦，春天一到，它们就变得精神抖擞，该长叶的长叶，该开花的开花。春天让人忙碌，春天宜赏花品茗，宜谈情说爱，宜栽种，宜扦插，宜压条，宜分枝，宜移植。春天的许多个周末，我都在自家的阳台花园忙碌，说是花园，其实也就几十平方米的空间，这丁点地方，还称之为花园，乡人听到恐怕会笑掉大牙。儿子小时候，带他到乡下踏青。看到一地的紫云英、油菜花，他欢喜不过，像驴一样满地打滚；看到几只大白鹅，激动得嗷嗷乱叫，撵得它们满院子乱跑。乡人拿同情的眼光瞅着我儿子说，城里娃可怜，连这些都没见过。乡人来城里，到我的阳台上一看，说，这阳台，横过去一把锄头长，直过来三四把锄头长，要说这里是花园，我们乡间的几亩地就是大平原了。

阳台是我的植物王国，百来盆花花草草是我的草木《诗经》，管它世事沧桑、风云变幻，草木总是宠辱不惊。我有闲章两方，一方是"盈室书香"，一方是"满堂花醉"。书香与花香，都是我之所爱。阳台之外，就是青山，鸟儿在这棵树上叽叽喳喳，松鼠在那棵树上蹿上跳下，大自然有着无限生机。住在赤龙山下有十五个年头了，我看着山上的桃花红了，又谢了，柳枝瘦了，又爆出嫩芽，看着泡桐在暮春，开出一树浪漫的紫花。春天时，风从树梢刮过，到了夏天，阳光穿过绿荫，洒下斑驳的影子。花架上方，鸟儿在那筑了巢。季节总是在不经意间将人间换了。十五年的光阴流水般过去，花开花落，人来人往，无数的人，从我的生命里经过，有的人已经面目模糊，有的人一去就再没有回头，而十五年前我种下的龟背竹、姜花、常春藤，依旧笑春风。

有情的是草木，那些花儿、叶儿、果儿，能够唤起人们内心深处的情感。从《诗经》开始，千百年来，情种们都知道借着草

江南草木记

木表情达意，而在游子的心中，乡愁是长江水，也是海棠红、雪花白、蜡梅香。游子记忆中的故乡，总是那般美好：草在长，鸟在飞，花在开，父母在堂前忙碌。既已离开，故乡就只是驿站，但四月的清明果、五月的橘花味、端午的艾草香、夏至的杨梅红，还留在记忆深处。在千里万里之外，暗夜里，漫过游子心头的，不只是故乡的云，还有草木的香。拿破仑说过：哪怕蒙上他的眼睛，凭借着嗅觉，他也可以回到自己的故乡，因为那里的风，总带着一种植物的独特味道。

家乡的风物让人爱不够，一年四季有开不败的花，结不完的果，哪怕最寒冷的季节，也有梅花一树一树。这本书中的六十种植物，是江南大地上常见的草木，不仅是枝枝叶叶、瓜瓜果果，还有人心的温热、故乡的印记。

回首来时路，最美好的时光，都有草木的影子——青葱岁月里，与同学骑行在玉兰花下；成家后，在小院里架起葡萄架，种下枇杷树；立夏，一起去看华顶山上的云锦杜鹃；夏至，带孩子采摘杨梅；霜降，摘橘子和文旦；秋风起时，水塘边有芦苇和红蓼，从野外采回紫茉莉的种子。喝茉莉花茶、柚子蜂蜜茶，也饮自酿的桂花酒、杨梅酒。平素甚少下厨，但大暑节气里，会做一碗木槿花百合羹。喜欢在甜酒酿里，加一朵两朵的荼蘼花。还有还有，万水千山走过，那一路的风景和鲜花，这些植物各据一角，让回忆带着草木的清香。

自序

人在江湖，身不由己，一年到头，总有忙不完的事，由不得你闲着。只是，无论如何奔波与忙碌，心中始终有一块天地，是为草木留着的，好比国画中的留白。画山水时，留白是天高云淡，画鱼虾时，留白是静水流深。与草木为友，我领略到世界的无涯与多姿，心境也日趋平和从容。年岁渐长，反而与自然更加亲近。人的成熟，不是世故，而是重回天真质朴，就如同修剪植物，砍掉不必要的枝枝叶叶，回归简单。但行好事，莫问前程，像植物一样生长、生活，简单就好。

佛曰：一花一世界，一木一浮生，一草一天堂，一叶一如来，一砂一极乐，一方一净土，一笑一尘缘，一念一清静。所谓的地老天荒，就在一草一木间。

江南草木记

目录

故里风物

一
树
繁
花

花前藤下

江南佳果

春风十里，橘花如雪，

江南的春天，就是这般好。

故里风物

橘花

春风十里，橘花如雪，江南的春天，就是这般好。

谷雨和立夏，是暮春切换到初夏的两个节气。这个时节，家乡成千上万亩的橘林里，橘子花开成香雪海，油光翠亮的绿叶间，藏着白瓣黄蕊的小花。这些密密匝匝的小白花，有未加修饰的素朴天然。含苞时，像是怀春少女隐秘的心事，羞涩不愿示人；当它盛放，一改先前的含蓄，花蕊袒露，香味扑鼻，直白大方像山野妹子。

我喜欢橘花的香，那么甜美，那么醇厚，有日益遥远的乡野气息。橘花的香，浓于茉莉而淡于含笑——含笑花实在太香了，是瓜果饱满成熟时的那种味道，香到有点发腻。而橘花的香，甜美、馥郁，缠缠绵绵的，像浓得化不开的情，深吸一口，便觉香气盈满肺腑——所谓香花不艳，艳花不香，那些白色的繁花，开到极致，总是香氛如潮，橘子花也不例外。

明月青山，流水天涯，橘子花里有乡愁。古代的本土诗人很是喜欢橘花。南宋诗人刘克庄写道："平生荀令熏衣癖，露坐花间至夜分。"清代学者宋世荦闻到橘花香，从故纸堆里抬起头，吟道："路入绿阴春未老，细花如雪惹衣裳。"橘花开时，望如积雪，香闻十里，花香被风送出老远。在橘林中待得久一些，橘花的香味会沁入衣间，让人有微醺的感觉，像不胜酒力的佳人，三杯两盏淡酒下去，脸上便现了红晕。此时，岂止是衣香，心香也是满溢的。

谷雨一到，橘花像听到号令一般，争先恐后地开了。花香会引来成群的蜜蜂，各地的蜂农也会赶来放蜂采蜜。橘树林中，流绿滴翠，满园子的蜜蜂嘤嘤嗡嗡，空气中，弥漫着持久的香甜的味道。

橘花好闻，橘花蜜也很好喝。橘花蜜浓缩了橘花的精华，花蜜呈琥珀色，纯净透明。秋燥时节，喝上一杯两杯橘花蜜，像我这种对生活要求不高的女子，便觉得日子甜美而滋润。

香水中，有一款叫迪奥紫毒女士香水，是时尚女子的爱物。紫色晶瓶，看上去玲珑高贵，它的香味中隐含着神秘的气息：前调是俄罗斯胡荽、马来西亚胡椒、锡兰肉桂；中调是晚香玉、橘花蜜、野莓；后调则是树凝脂。当你在腕上、耳后滴上一两滴香水，最先飘散出的芬芳就叫前调，那些俄罗斯胡荽、马来西亚胡

江南草木记

故里风物

椒、锡兰肉桂的味道散发在空气中，如初见佳人心如鹿撞，有明里暗里的挑逗。接下来的中调，散发的则是晚香玉和橘花蜜的味道，好像爱情渐入佳境，浓情蜜意，缱绻难分。而余香袅袅绕梁不绝的后调，则是树凝脂的香，虽然爱情渐行渐远，但让人追念和怀想。

女友家里有橘林，每到暮春橘花开时，春风过处，落花满地，她便收集橘花，晒干后用开水冲泡代茶饮。橘花茶有理气和胃、消食悦脾的功效。女友对花茶颇有研究，平素非花茶不饮，家里的瓶瓶罐罐，放的是玫瑰花茶、茉莉花茶、薰衣草茶、菊花茶，还有就是橘花茶。把橘花作为窨茶香源，明代就已有之，《茶谱》记载："木樨、茉莉、玫瑰、蔷薇、兰蕙、橘花、栀子、木香、梅花皆可作茶。"她送了一小罐橘花茶给我，让我泡着喝。花茶中透出柑橘的清香，果然好喝。

周日在家闲翻书，偶然看到一则方子："以旧竹壁簧，依上煮制，代降真；采橘叶捣烂，代诸花，熏之。其香清古，若春时晓行山径。"说旧时穷人家买不起名贵的降真香，就以橘叶代替鲜花，把橘叶捣烂后熏蒸，在旧竹片上炼制成可以焚烧的香料。这种香是什么味道呢？好像春天早晨的山间小路，清新至极。有此妙方，赶紧记下，他日或可一试。

橘花开时，我喜欢拣个晴好的日子，去黄岩澄江、临海涌泉的橘园走走，无他，就是为了闻橘花的香。一树一树，千树万树，橘花的芬芳里，是正在孕育着的丰年。在阳光下晃着逛着，满眼的缤纷，满怀的清香，满心的欢喜。闻着橘花香，比美容院里的芬芳疗法，更让人心情舒缓。想到再过几个月，眼前的白色小花，会变成沉甸甸的黄金果，心里总是美美的。

　　我的音乐夹里有一首咏叹调《忆故乡，常向往》，来自法国歌剧《迷娘》，迷娘对心上人威廉说到自己的故乡时，深情唱道："你知道那地方，到处橘花飘香，黄金果的国土，红玫瑰的故乡。微风特别柔和，小马格外轻狂。蜜蜂一年四季，为采花繁忙。一个永恒的春天，神赐的恩典，在蓝空下微笑，闪耀着光芒。"音乐是由圆号吹奏的，轻快、感伤又优美。阳光下，在橘林中漫步，听着这首曲子，我怎么觉得，这迷娘歌咏的就是我的家乡。

故里风物

云锦杜鹃

我是相信命运的。当年我住的老师专宿舍，地名叫望天台，而我调入报社，编的文学副刊版叫《华顶》——华顶为天台山上一高峰。华者，花也。华顶，即花之顶。五月云锦杜鹃开时，更加实至名归。我嫁给天台人，成为天台媳妇，看来是命里注定的事。

立夏节气，是江南的暮春，红红白白的花朵，缤纷在五月的天空下。若论此时的花魁，当数天台华顶山上的云锦杜鹃。此花一开，占尽百花风头。有一年，云锦杜鹃盛放，恰逢"五一"长假，成千上万的人涌到华顶探花，从山底到山腰十几公里的山道上，上千辆车子堵成长龙，进退不得，蔚为壮观，我也被"卡壳"在半途，徒呼奈何。

云锦杜鹃是乔木，长在天台山上，承受着阳光和雨露，开得坦然而华美，满树繁花，似锦似缎，开花时，仿佛呼啸而来，有排山倒海的气势。它的花朵硕大而丰腴，每株开花上千朵，有大红、粉红、银白、紫红各色，绽放时，"千丛相向背，万朵互低昂"，号称"千花杜鹃"，有着蓬勃向上的精气神。都说牡丹华美，但比起云锦杜鹃，牡丹绝对要逊色几分，若论气势，更不及云锦杜鹃。它全盛开放时的华彩，胜过天上最旖旎的霞光。诗人曹天风当年游华顶，就被云锦杜鹃"震"住了，写了首《国花拟》："野人生性狂如许，欲荐杜鹃作国花。"他认为云锦杜鹃之美，无花能出其右，理当为国花。说这话的他，未免有点感情用事，还有点感情冲动，但是爱花如爱人，爱到极致，焉能做到冷静平和？

云锦杜鹃不独天台有，我在云南、四川也见到过，但树龄二百年以上的古树群，唯在天台山见到过。说它苍干如松柏，花姿若牡丹，并非虚言。在我眼里，它简直"修炼"成树妖了。它有着黝黑如铁、虬曲苍老的树干，却长着青春娇媚的花颜。五月暮春，或许没有一座城市比天台更烂漫，它的佛宗、它的道源、它的唐诗之路、它的传奇，它一切的一切，都让位给了云锦杜鹃。五月暮春，天下名山里，或许也没有一座山，能像天台山那般华丽和诗意——满山的云锦杜鹃浩浩荡荡开成花海，整座山都被云锦杜鹃的热情所燃烧，仿佛春天由此达到高潮。站在花树之下，我由衷地感谢云锦杜鹃，让我如此轻易体会到了无边的幸福。

外地的朋友问我，江南最美的暮春在哪里？我告诉他们，就在开满云锦杜鹃的天台山——这座被历朝历代几千位诗人吟咏过的名山，这座曾吸引过无数高僧、名道、隐士的仙山。这座山

故里风物

江南草木记

故里风物

是唐诗之路的终点站，承载着厚重的人文和烂漫的诗意。我尤其偏爱葛玄仙圃、太白读书堂前的云锦杜鹃，我可以想象，当年云锦杜鹃开出云蒸霞蔚的硕大花朵时，仙风道骨的葛玄是如何在花下品茗，浪漫不羁的李白又是如何大发诗兴的。春日里，拣个微风不噪、阳光正好的日子，在这里泡上一杯云雾茶，看花、看云，谈天、说地，是极好的。闲心与闲情，都难得，良辰与美景，更是难得。好时光总是溜得快，夕阳西下，倦鸟归飞，凉意渐生，提醒我该归去，可是这一树姹紫嫣红，却又割舍不下。

云锦杜鹃的美，不仅在于华丽，还在于它的性灵。若推世间性灵之花，云锦杜鹃是当之无愧的。它在盛夏孕蕾，经过秋冬两季的蛰伏，在春天来临时蓄势待发，直到暮春才开花。从蓓蕾到绽放，需要孕育整整十个月，而且蓄积的时间越是久长，开放起来越是美丽。经历过十月怀胎，经历过风霜雨雪，它才迎来风华绝代的绽放。十个月的期盼，有点漫长，但它绽放时的美艳，值得你用心等待。何况，云锦杜鹃开过，春天的华美就要告一段落。

云锦杜鹃还是一种与佛有缘的花。相传云锦杜鹃来自印度，梵语称古娑椤树。它是华顶讲寺一位高僧不远万里从天竺带回来的。这样的传说，给云锦杜鹃蒙上了一层神秘的面纱。一方水土养一方人，一方水土长出一方花，也许，只有佛宗道源的天台山，才能开出如此深情、如此美艳的性灵之花。

春天里，我最爱的还是暮春，就为这一树繁花。我极喜欢云锦杜鹃，年年都赴云锦杜鹃之约，如果某一年没能如期去探花，总是怅然若失，好像整个春天都虚度了。如果有来生，我真愿意化作华顶山上的花树，开在五月最醇美的阳光下，有高大挺拔的枝干，有绚烂美丽的繁花，有深沉厚重而又自由奔放的灵魂，快乐无比，骄傲无比。

铁皮石斛

有些人有些花，看上去就充满仙气和灵气，浑然不似人间所有，如《神雕侠侣》中的小龙女，一出场，"披着一袭薄薄的白色布衣，犹似身在烟中雾里，看来约莫十六七岁年纪，除一头黑发之外，全身雪白，面容秀美绝俗……她周身犹如笼罩着一层轻烟薄雾，似真似幻，实非尘世中人"。全真七子之一的丘处机，初见小龙女，以梨花喻她的"天姿灵秀"。丘处机也算见过世面的，他该知道，梨花清新素雅，美则美矣，只是太过寻常，若论"不与群芳同列"，"浩气清英，仙材卓荦"，当是铁皮石斛花。

美人如花隔云端。人要美得脱尘，必定要走高冷路线，花也如此。铁皮石斛花就是一例。铁皮石斛属气生兰科植物，表皮铁青，长可盈尺，冷峻清简，如白描一般，但开的花优雅娴美、风姿绰约，有香草美人之姿，又有君子虚怀若谷之风。兰本是备受人们推崇的植物，古人把它上升到人格和文化的高度。在古代王朝的庆典中，通常是诸侯执薰，大夫执兰。兰蕙香草是士大夫高

故里风物

洁品格的象征，而石斛却是舍己为人的良药。一种植物有两种身份，殊为难得。

野生的铁皮石斛，民间称之为铁皮、美花、流苏、金钗、束花、鼓槌等，不同的地方，有着不同的称呼，但无一例外，名字都极美，如宋词小令。不像一些花，虽然美得不可方物，却浑不吝地被称为狗牙花、狼毒花、棺材花、蜘蛛兰、鸡屎藤、小花耧斗菜，弄得好端端的一朵花，全无诗情画意可言。光听流苏、金钗这些别名就知道，石斛花美得多么空灵。

铁皮石斛身价不凡，是中华传统名贵中药材。唐代《道藏》里就说，铁皮石斛、天山雪莲、三两人参、百二十年首乌、花甲之茯苓（茯苓、苁蓉）、深山灵芝、海底珍珠、冬虫夏草为"中华九大仙草"。世间植物千千万万，雪莲、人参、何首乌、冬虫夏草能脱颖而出，跻身仙草前九，当属不易，而铁皮石斛稳坐九大仙草头把交椅，这样的排名，毋庸多言，就可看出它的身价。古人把铁皮石斛称为绝壁仙草，认为它长于悬崖峭壁背阴之处，受天地之灵气，吸日月之精华，清逸雅静，又有刚健婀娜之姿，功效自当不凡。在北国，公认的救命仙草是人参，到了南方，则是石斛，故有"北人参，南石斛"的说法。《神农本草经》记载铁皮石斛的种种疗效——主伤中、除痹、下气、补五脏虚劳羸瘦、强阴、久服厚肠胃等。贞观十五年，文成公主出长安前往吐蕃，远嫁松赞干布，唐太宗为和亲的公主准备了释迦牟尼佛像、珍宝、金玉书橱、经书、经典三百六十卷作为嫁妆，还赠送了大批绸帛、衣物。怕公主身体娇弱，受不了边塞之地的苦寒，又封赏公主铁皮枫斗五升，以滋养贵体。一代名伶梅兰芳，据说他的养颜秘方和护嗓秘方就是煎煮石斛替代茶水来喝，并且长年不断。

如同野人参长在深山老林、人迹罕至之处一样，野生的铁皮石斛也长在悬崖峭壁间，一副高不可攀的样子。它常年被云雾滋润，美若天仙，不染纤尘，要想得之，必悬索崖壁或射箭采集，采集一株实属不易。民国时，天台作家陆蠡的小说《竹刀》中就写到山民采石斛的艰难和危险："还有人攀援下依附岩上的薜萝，腰间带了一把短刀，去采取名贵的山药，其中有一种叫作'吊兰'的。风从峡谷吹来，身子一荡一荡啊像个钟锤……"文中的"吊兰"即铁皮石斛。

天台多山，山中常有奇花异草，山民很早就知道各种草药的妙处。过去，每有高热、垂危的病人，山民即四处寻觅铁皮石斛煎汁救治。野生铁皮石斛越采越少，好在现在有人工培植的铁皮石斛，功效不比野生的差。国内最大的铁皮石斛生产基地就在天台，一个个如蒙古包的大棚里，生长着一株株的仙草，真当是造福万民。天台是佛宗道源之地，也是养生福地，连个传说，也比别地方要来得神秘。天台出高僧、高道，也出乌药、铁皮石斛。这乌药加工后，成了乌药精，而铁皮石斛加工后，成了铁皮枫斗，皆是公认的高端滋补品。这地方的人，理应比别地方的人活得健康长久些，才算不负这方福地。

　　夏日，到女友的吉祥茶楼小坐。茶楼闹中取静，虽在小城闹市处，却安静自在。茶楼里收藏了各种民间旧器物，摆设亦有古朴味道，如风雅颂中的风部。茶室有盆栽的铁皮石斛，正开着花，随口赞叹了几句，女友见我喜欢，即以铁皮石斛相赠。铁皮石斛没有想象中那般娇贵，养在家中，也没怎么照顾它，只放在阴凉处，干了浇些水，竟然也开出一朵一朵的花。花谢后，拿它冲泡当茶饮。喝完花茶，又吃了十来朵花，只觉齿颊留香。铁皮石斛花有铁皮石斛的功效，滋阴、清补、明目、清热止渴、滋养五脏，据说还能解郁——那些常常伤春悲秋之人，那些居庙堂之高或江湖之远心里藏着这样那样事的人，喝上几杯铁皮石斛花茶，想必烦恼忧愁会抛到九霄云外。

　　铁皮石斛的鲜条，可以直接食用，拿来煮茶、炖汤、泡酒、煮粥，也是极好的。我最喜欢的还是榨汁，清口异常，如同夏天刚割过的那种青草气息，喝一口，五脏六腑如被清泉洗涤过，干净通透，有一种清凉的欢喜。鲜榨的铁皮石斛汁，色泽美而雅，如初生柳叶，如早春竹叶，简直就是宋徽宗说的雨过天青色。光这一杯铁皮石斛汁，已胜却人间无数。

这个周末，天气倒是真的好，很适合出去闲逛，远的去不了，就近走走也是好的，约了几个朋友去天台。头一天在寒山湖、九遮山信步乱走，一路见花乱开、鸟乱鸣，倒也野趣十足。次日去华顶，同行的朋友中有学中医的，知我喜爱植物，指着路边的花花草草告诉我，这是百合、黄精。走不了几步，他又指着几株植物说，这是三七参、柴胡。他生于斯长于斯，说起草木，开口就是一个故事。当他手指向一株开大花、长得像牡丹的植物时，我抢先说，这是芍药。我的草药知识有限，不过我知道天台山以乌药、三七

乌药

参、白术、芍药、茯苓最为著名，称天台五药。芍药就是其中之一，因花形似牡丹，故识得。

天台山灵气十足，素有"弥山药草、满谷丹材"之称，简直就是一座天然的药材宝地。昔年三国吴大帝孙权就因天台出嘉禾而大赦天下，并改年号为嘉禾。好像药材出自天台山，就沾了几分仙气。宋末台州大才子黄庚，很是推崇天台五药中的茯苓："岁外产茯苓，玉色腴且坚。山人属为药，至味通灵仙。愿言事服饵，身可三千年。"说是吃了天台的茯苓，可活到三千岁。看来，我若想成仙，也要找些天台茯苓服下。

当朋友指着一株不起眼的植物，告诉我这是大名鼎鼎的乌药时，我颇吃了一惊——仙气逼人的乌药，却生就质朴素淡的外表，这很像历代隐居天台山的高人，满肚学问才识，却隐了真身，藏在民间。

天台乌药号称长生不老药，是五药之魁，中国民间最早的人神恋传说之一刘阮遇仙就发生在天台山——东汉时剡县刘晨、阮肇入天台采药，在山中迷路，见溪中有胡麻饭，然后遇上了神仙姐姐。这样的奇遇加艳遇，怎么不让男人想入非非、津津乐道呢？书里并未说刘阮所采为何药，但天台人信誓旦旦地说，刘阮采的就是乌药。

　　百草之中，除了白蛇娘娘所盗的灵芝，或许没有一种草药，像天台乌药一样，蕴含着天上人间的爱恋。可细想一下，却又释然。天台山是佛宗道源神山秀水之地，自《山海经》起，就被称为灵山，灵异之山长出神神道道的东西，似乎不值得大惊小怪。传说中，常年服用乌药可以成仙，便如庄子所言，"肌肤若冰雪，绰约若处子。不食五谷，吸风饮露，乘云气，御飞龙，而游乎四海之外"。

　　乌药不似灵芝那般高冷，非得白蛇娘娘费尽周折到昆仑山盗得，它在天台的山野到处可见。过去，天台山上漫山遍野都是乌药，如柴爿花一般寻常可见。乡野村民，不识它的真面目，把它砍来当柴烧。当地有俚语，"白背乌药当柴烧"，谓人不识货。乌药的土名就是白叶柴、钱蜞柴、钱柴头、盐鱼子柴，至于另外两个名字，一个叫吹风散，一个叫青竹香，太雅了，知道的人反而不多。

　　乌药产地甚多，但天台乌药是其中佼佼者，宋代苏颂有过评价，乌药"以天台者为胜。木似茶槚，高五七尺。叶微圆而尖，面青背白，有纹。四五月开细花，黄白色。六月结实。根有极大者，又似钓樟根。然根有二种：岭南者黑褐色而坚硬，天台者白而虚软，并以八月采。根如车毂纹、形如连珠者佳。或云：天台者香白可爱"。苏颂是识货的，他说天台出的乌药，"香白可爱"，品质最佳。

乌药又称台乌、台乌药、天台乌，好像火腿前必加上金华、黄酒前必加上绍兴，方显出身不凡。从元时起，天台乌药就成为朝廷贡品。北京同仁堂、杭州胡庆余堂，但凡用到乌药的方剂，必用天台乌药。宋代诗人晁说之与天台宗高僧了然很谈得来。有一次了然派人看望晁说之，来人走后，晁说之写了一首诗："石桥不得往，乌药不寄来。空令图画里，指点说天台。"说了然派人来探望，惜乎没带乌药来，这了然和尚也太不懂人情世故了吧。换成现在，如果带上几盒天台红石梁产的乌药精当见面礼，晁诗人必定高兴不已。

明代社会风气奢靡，讲究享乐，《金瓶梅》里写到西门庆好色，荒淫，也食乌药。他生得高大健美，宣淫五要素"潘、驴、邓、小、闲"，样样具备，还做了县里的提刑。作为地方大户，自己开中药材店，药材质量必定不成问题。他昼夜宣淫，平时补品补药不断地吃，与蓬蓬勃勃的性欲相对应的，是他那蓬蓬勃勃的食欲，正应了"食，色，性也"这名句。一部《金瓶梅》，实际上是写"饮食，男女"的书，书中关于食补、药补的描写，贯穿始终。

《金瓶梅》第五十四回"应伯爵隔花戏金钏　任医官垂帐诊瓶儿"也写到了天台乌药。李瓶儿因思念夭折的孩子，再加上产后经血淋漓不净，病倒了。西门庆请任医官来府上诊病，任医官故作清高不提钱字，却旁敲侧击，先说前日怎么治好了王吏部夫人的病，那吏部"不论尺头银两，加礼送来"，还鼓乐喧天地给他送了一块"儒医神术"的匾。西门庆一听,心里明白,忙申明自己"不是吃白药的",还说了一个笑话——"'人家猫儿若是犯了癫的病,把乌药买来,喂他吃了就好了。'旁边有一人问:'若是狗儿有病,还吃甚么药?'那人应声道:'吃白药,吃白药。'可知道白药是狗吃的哩!"

医书上说,天台乌药"治一切气、除一切冷、霍乱及反胃吐食、痈疖疥癫,并解冷热,其功不可悉载"。又说"猫犬百病,并可磨服,理元气"。还说可"止小便频数及白浊"。所以《金瓶梅》中由西门庆口中说出"人家猫儿若是犯了癫的病,把乌药买来,喂他吃了就好了",并非小说家的虚构。

乌药理元气,李时珍说天台乌药"下通少阴肾经,上理脾胃元气"。肾经为先天之本,脾胃乃后天之本,先天后天的本都抓住了,健康就不成问题。瓶儿死于经血淋漓不净的妇科病,西门庆请庸医任医官来看,讨将药来吃下去,如水浇石一般,越吃越旺。半月之间,瓶儿渐渐容颜顿减,肌肤消瘦,不久就病亡了。而西门庆纵欲而亡也是因为肾出了毛病,《金瓶梅》写西门庆吃了潘金莲给的春药,快活过后,"肾囊都肿的明滴溜如茄子大。但溺尿,尿管中犹如刀子犁的一般"。

要是吃天台乌药,不去吃别的补药、春药,节制性欲,没准两人能多活些时日。西门庆是开药铺的,怎么就不知道这个理儿呢?

紫芍药

　　紫色的花不少，银莲花、绣球花、百子莲、紫芳草、楼斗花、勿忘我、美女樱、薰衣草、紫藤、紫薇等等。在我眼里，紫色带着阴柔的美。由温暖的红色和冷静的蓝色融合而成的紫色，高贵而神秘，这也就可以理解为什么北京故宫又称为紫禁城，为什么古人视"紫气东来"为祥瑞之兆。在唐时，佛道沙门、贵族宫廷流行紫色，限定三品以上官人的官服为紫色。日本皇室也将紫色视为尊贵的象征，紫式部的《源氏物语》里，美丽高雅的皇后就是住在开满紫色藤萝花的宫院里。

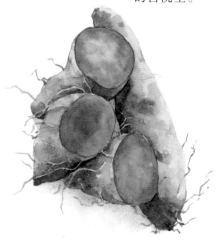

看到紫色的花草，我总觉得道行很深。古人曾经论及什么样的花草适合什么样的人，比如"浴蜡梅宜清瘦僧"，如此说来，紫色的植物，应该适合文艺女青年，毕竟，它高冷而且神秘。

除了花草，紫色的蔬菜也有不少，茄子、洋葱、扁豆、紫辣椒、紫秋葵、紫菊苣、紫芦笋等，都是紫色的。紫薯药也是紫色的，虽然它的外表不显山露水，看上去貌不惊人，还有点土里土气——泥土色的表皮，长着稀稀拉拉的"胡子"，简直就像深山老林里不修边幅的老农，但它有着丰盈而神秘的紫色肉身。这类"红得发紫"的蔬菜，在讲究养生的人眼里，因富含花青素，被称为"抗衰老功臣"，广受欢迎。

台州产紫薯药，近年来，名头越来越响，快要赶上响当当的淮山药了。山药原名薯蓣，由于唐代宗叫李豫，为避讳而改为薯药，又因为宋英宗叫赵曙，为避讳而改为山药。虽然改的名跟原名已大不同，却也更接地气。紫薯药是山药的一个地方品种，台州的黄岩、天台都产紫薯药，黄岩还是中国紫薯药之乡，所产的紫薯药，肉质红中带紫，当地人骄傲地称之为"紫色人参"。既是人参，功效自然高出别的蔬菜一大截。手头刚好有《本草纲目》，翻了一下，说薯药能"益肾气，健脾胃，止泄痢，化痰涎，润皮毛"，还说它能补五劳七伤，开达心孔，多记事，强筋骨，治虚热劳嗽等一切阴虚之征，如此说来，这紫薯药简直算得上药食同源了。

秋风一起，秋意一浓，时令一到霜降前后，紫蓿药就可开挖了。周末的时候，山里的朋友呼我去做客，这个时候，天高云淡，山乡的空气中有微薄的凉意，走在山间，心情总是无端的愉快。路旁的红蓼、芦苇，迎风跳着摇摆舞；柿子挂了果，像火红的小灯笼，照得山乡喜庆而明亮；乌桕树骨骼清奇，挂着一串串鱼眼大小的白籽。春天时种下的紫蓿药，经过阳光、水分的滋养和时间、劳力的铺垫，到秋天就有了沉甸甸的收获，这样的劳动场面总让我感动。我很想对着紫蓿药念一句诗："什么季节，你最惆怅／放下了忙乱的箩筐／大地茫茫，河水流淌／是什么人掌灯，把你照亮……"

中午在村里吃农家菜，紫蓿药炖排骨、紫蓿药煨土鸡等等，十分入味。紫蓿药的食用方法很多，可切成块、片、段、丝，也可拍成泥状，可以炒食，可以红烧，可以油炸，可以做汤，仿佛任何食材皆可搭配紫蓿药。拿来烧粥，名堂更多，什么蓿药赤豆粥、桂花蓿药粥、百合桂花蓿药粥等等，软糯香甜，色泽诱人。我最喜欢的，是紫蓿药八宝饭和椰丝紫蓿药丸子，看上去活色生香，吃起来风流浪漫，至于口感，简直就是软玉温香。有一道菜品叫五谷丰登，有南瓜、玉米、花生、板栗，还有紫蓿药，南瓜、玉米的金黄与蓿药的紫在一起，色彩很是明艳，秋天是需要这样的色彩来提亮的，它让人忘了伤秋。

下山时，朋友送了我一箱紫蓿药。因为常出差，家里开伙少，时间一长，几株紫苜药发了芽，我索性把它养在石盆里，当水培植物。这紫苜药长得很快，没几日，书桌一角就被绿色占领了。紫苜药原本就是蔓性草本植物，大凡蔓生的植物，都是攀缘的高手，有些地方还把紫苜药与凌霄花、爬山虎一起，作为攀缘栅栏的垂直绿化材料。看到家中这生机勃勃的绿色，感觉这紫苜药，不但是种在山郊野外的蔬菜，简直还是宜室宜家的植物。

故里风物

茭白

水边的植物总是带着润泽之气，长得也格外水灵些，茭白也不例外。

茭白，又名高瓜、菰笋、菰手。我的家乡则称之为茭笋或茭手。称为茭笋好理解，因为它长在河泽水塘，如笋一般节节长高；至于叫茭手，则是因为它白胖如孩童的臂膀。在台湾的南投，茭白被称为"美人腿"，因其外形有"长、白、嫩"之特点。南投每年都要举办美人腿（茭白笋）节，选拔出"美人腿公主"。那些佳丽穿着茭白笋壳纸衣走秀，齐刷刷亮出自己比茭白还要白嫩修长的美腿。

古人称茭白为"菰"，看到这个字，心里顿时起了古意。彼时的菰，开的是淡黄色的小花，结的是黑色的籽，这黑籽两端尖尖，剥壳后可食用，称菰米或雕胡——因雕喜食菰米，故称。菰米是六谷之一，六谷即稻、黍、稷、粱、麦、菰六种农作物。菰米饭想来不俗，古书上道"菰粱之饭，入口丛流，送以熊蹯，咽以豹胎"，说有资格

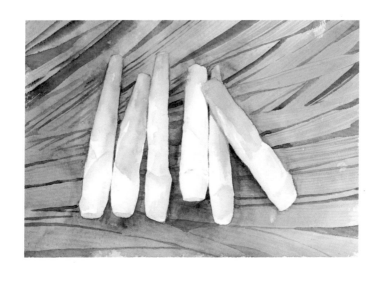

故里风物

与香滑的菰米饭配食的,只有熊掌、豹胎等野味。不知何时起,菰米退出六谷行列,茭白则成了盘中餐。说起来,茭白是菰的变异,某些水塘的菰感染上黑粉菌后,不再抽穗,而是长成纺锤形的肉质茎,也就是现在食用的茭白。久而久之,这种有病在身的畸形植株,反倒成了主流,变成餐桌上常见的蔬菜,而那些健康的、抽穗结籽的茭白,则变成非主流,退出江湖。世界上把茭白作为蔬菜栽培的,只有我国和越南。菰草由谷物变成水生蔬菜,完全是由味蕾的喜好来投票的。现代人,嚼得茭白香,谁还知道六谷之中的"菰米"呢?

在江南,湖荡群集,河流纵横,水泊遍地,随处可见茭白。对茭白,大家都不陌生。老家有一首关于手指螺纹的民谣:"一螺穷;二螺富;三螺卖麻布;四螺掼(背)刀枪;五螺杀爹娘;六螺六,种萝卜;七螺七,讨米乞;八螺八,供菩萨;九螺九,种茭手;十螺全,中状元;十螺箕,讨米连路嬉。"在这首民谣里,手指有九个螺纹的,是种茭白的命,而在别地,九螺九,是当太守的。

同学家在乡下,家门口有池塘,塘泥肥沃,他在门前的池塘里种荷花,也种茭白。茭白长得很快,细细的秧苗种进水塘,日长夜大,没多久,就长成一丛丛。茭白的叶子如蒲苇,青葱碧绿,古人曾拿它来包粽子。周处《阳羡风土记》道:"仲夏端午……先节一日,以菰叶裹黏米栗枣,以灰汁煮……一名粽,一名角黍,盖取阴阳包裹未散之象也。"到了冬天,池塘里是枯了的荷叶和

江南草木记

枯了的茭白叶，他"留得残荷听雨声"，却将茭白的茎叶悉数割掉或烧掉。茭白是多年生宿根草本植物，到第二年春风一起，水面又会长出新芽来。

茭白不只种于河塘，家乡的水田，种稻米，也种茭白，一亩连着一亩，简直是绿色无边。好花堪折直须折，茭白也一样。当茭白叶鞘一侧裂开，微露白肉时，即可采摘，这时的茭白不老不嫩，白净细嫩，肉质鲜美。摘早了，茭白没长好；摘晚了，茭白肉太老。采摘茭白，跟谈情说爱一样，也要把握好时机。开镰收割茭白的场面，在文青的眼里，是很有诗意的，镰刀过处，一大片的绿色倒伏下来，这里一垛，那里一堆，像是古代某种奇妙的阵法。一辆辆空车开进村，又满载着茭白开往各地。全国各地的菜市场上，台州的茭白齐齐亮相。

没剥壳的茭白，简直就像守身如玉的处子。茭白剥去浅绿色的青皮后，露出象牙色的嫩身。刚摘下的茭白，白、嫩、鲜，味道清甜，像莲藕、菱角一样，可以生食，在江南，茭白与莼菜、鲈鱼一起，并称为"三大名菜"，古人对其评价极高。《西湖梦寻》记有："（法相）寺前茭白笋，其嫩如玉，其香如兰，入口甘芳，天下无比。" 说它质地鲜嫩，香味如兰，入口鲜甜，是蔬菜中的极品。茭白宜快炒，不宜炖煮，快炒的茭白鲜嫩爽口，而炖煮之后，软绵绵蔫答答，失了精气神。茭白可切块，拿来爆炒鸡块；可切丝，与肉丝、香干丝、青椒丝同炒；也可以切片，与肉片搭配。

红烧茭白、肉丝炒茭白都是江南的家常菜。

　　杭州人很推崇的面食"片儿川",浇头就是雪菜、笋片和肉丝。到了夏秋时节,茭白就取代了笋片,在杭州人眼里,茭白的爽滑鲜嫩是可以和笋媲美的。不过,我还是喜欢笋,一年四季,家里的餐桌上,春笋鞭笋冬笋轮番上阵。笋有着鲜脆的口感,这一点是茭白所不及的。当然,用台州的茭白替代一下笋,我也不反对,台州的茭白又脆又嫩又鲜,还有丝丝甘甜,令人回味,仿佛带着水乡河泽的清爽气息,比别地方的茭白要好吃多了。

作家朱千华说，芋头其貌不扬，外表毛糙，
许多芋头子堆在一起像乡间的那些毛头小子。
这话不假。芋头毛手毛脚的，难怪被称为毛芋。
从外表看，土肥圆的它，跟风神俊朗四个字完全
搭不上边，但它的内里，细腻多情，入口软糯滑
爽，让人欲罢不能。

芋头南北都有，算不上稀罕物，不像橄榄、
榴梿、荔枝、龙眼、菠萝、杨梅等，只长在南国，
让北人眼馋。北地虽然也长芋头，但到底不如南
方的芋头名头响亮。广西有荔浦芋头，宁波有奉
化芋头，台州有沙埠芋头，都是响当当的。荔浦

芋
头

芋头块头很大，肉质粉嫩，清朝康熙年间，荔浦芋头就被列为广西首选贡品进贡给皇帝。而宁波的奉化芋头同样出名，当地有句老话，"跑过三江六码头，吃过奉化芋艿头，摸过老蒋光郎头"，意谓一个人见多识广。奉化人，从小到老，都少不了芋头，奉化乡俗，只有芋艿上桌，才显得吉祥喜庆、连年有余。

奉化芋艿跟荔浦芋头都是大块头，圆滚滚的，形状近似球，台州的芋头跟它们一比，实在是小巧玲珑。台州芋头大小不过鸭蛋，但是口感不俗，柔滑粉嫩，吃进去有种绵绵的回味。通常人家，只道沙埠芋头好吃，那些道行很深的吃货，却格外推崇沙埠的"芋头娘"。所谓的"芋头娘"，不是芋头的亲妈，而是芋头的主块根，尤其是冬天刚从地里挖出来的"芋头娘"，吃起来粉香绵糯，口感如上好的板栗。一方水土总是养一方人，也养一方的植物。沙埠之地，唐时曾遍布瓷窑，烧制的青瓷十分出名，种植芋头也有些年头了，《黄岩志》说，北宋时期沙埠就已开始种植芋头了。这里三面环山，一面与平原接壤，气候温和，当地有一句俗语：沙埠沙埠，水打地下过。沙埠土质疏松细软，空气湿润，地下水丰富，生长在这里的萝卜、芋头，得天地自然之滋养，长得丰饶美味也是意料之中。

沙埠除了芋头，菜头也是值得一提的。当地人把萝卜称为菜头，沙埠的白萝卜白胖而丰满，吃起来，格外的甜脆爽口，生吃如雪梨、荸荠，熟吃，鲜甜且无渣。

故里风物

芋头好吃，芋头叶也好看。芋头叶像荷叶，南方人把它叫芋荷，十分形象，且富有诗意。家乡的芋田，碧绿的芋叶一片连着一片，简直就是"接天莲叶无穷碧"，修长的叶柄，顶着肥阔的芋叶，一场雨后，水珠子在芋叶上滚来滚去，一派天真烂漫。

芋头的叶柄，一些地方称之为"芋头禾"，饥荒年代，有人拿来当菜吃，楚剧《何氏嫂劝姑》中就有"萝卜腌菜芋头禾"句。但芋头禾名字听着诗意，味道却又苦又涩，焯水后才能去掉些涩味，不是万不得已，谁会去吃这玩意儿。江南也有一道菜，叫清炒藕带，跟芋头禾类似，不过是用莲藕下面横生的嫩茎做的，因其形状细细长长，如同带子一般，故称藕带，也叫藕心菜。清炒藕带，极脆嫩，泡椒藕带，更美味，爽辣爽辣，开胃极了。芋头禾跟藕带一比，简直不是同一个世界。

芋头本是村野粗蔬，上不了大雅之堂，它能成为贡品，自有过人之处。在饥年，芋头常常被作为主食的替代品，《史记》中记载的名字叫作"蹲鸱"。鸱就是猫头鹰——芋头拙朴可爱，褐色，周身有毛，圆圆的芋头子让人想到猫头鹰圆滚滚的眼珠。古人的想象力真是丰富。平民拿芋头当菜，文人寒夜读书，也拿它充饥，《小窗幽记》就说"拥炉煨芋，欣然一饱"，外面大雪纷飞，室内火盆通红，炉边一圈褐色的芋头，被烤得冒着热气，当香气弥漫出来，把书放一边，先剥几个芋头吃个痛快。

农历八月,吃芋艿正是时候。当令的芋艿,总是格外软糯鲜嫩。芋艿可烧成各种美食,它是百搭菜,宜荤宜素,可清蒸、生烤、热炒、白切、烧汤等,就是白煮,味道也很好。剥了皮的芋头蘸虾酱、花生酱、辣酱,哪怕只蘸白糖、米醋,都别有风味。台州人爱吃的食饼筒里,总少不了芋头段。各地都有芋头做的特色菜,我在广西吃过芋头扣肉,把芋头切成薄片,过油后夹在五花猪肉片里,上锅蒸到肉酥芋软。在奉化吃过鸡汁芋艿头。蒋介石喜欢吃家乡的芋艿头,到了台湾后,还是念念不忘,晚年一碗鸡汁芋艿头是餐桌上的常备之菜。在成都吃过芋头烧泥鳅;在杭州,吃过桂花糖芋艿和拔丝芋头;在扬州,吃过大菜烧芋头,这是当年扬州八怪爱吃的一道菜;在台州,吃过老鸭芋头煲和芋艿头扣肉煲。

芋艿性子随和,配什么都适宜,不过我觉得跟扣肉、老鸭才是绝配,好像英雄配美人,红花配绿叶,两两相宜,芋头吸收扣肉和鸭肉的油水,味道更加鲜美,而扣肉、鸭肉,变得肥而不腻。一番蒸煮后,你中有我,我中有你,软糯香浓,鲜美异常。真是"煨得芋头熟,天子不如我"——有芋头吃,皇帝也不如我快活自在呢。

故里风物

乌柏

南方的山区，红叶树不太多，除了黄栌、枫树，最常见的是乌桕树、柿子树。

乌桕树生命力强，不择地方随处生长，江浙之地，凡山坡地头、村旁溪畔，皆可见乌桕。仙居永安溪、天台始丰溪两岸，就有很多的乌桕树。郁达夫写过天台山的桕树枫树，说山上几枝红叶的桕树枫树，颜色配合得佳妙，"若在画上看见，保管你不能够相信"。天台山的秋景，是如此美妙，郁达夫又是性情中人，于是"又惊异，又快活，又觉得舍不得走开，竟消磨了一个下午"。

乌桕树平素不起眼，五月开细黄白花，花也无甚出奇，但是一到深秋，叶子由绿由黄而红，它的风姿就显现出来了。秋日之美，在于天高云淡，在于万山红遍。霜降前后，乌桕叶红，满树灿然，它的叶子变成一抹一抹的红，如火如荼，如秋天喝醉了酒，酡红着脸。晴空之下，有一种张扬之美，让人生出秋色深、秋意浓的感觉。《长物志》说乌桕："秋晚叶红可爱，较枫树更耐久，

茂林中有一株两株,不减石径寒山也。"这一株株乌桕,长在路边、水边,别有野趣,偶尔几只昏鸦飞过,打破了山野的清寂。暮色四合中,火红的乌桕叶,似燎原的火把。乌桕树叶之美,落在诗人眼里,便是优美的诗句。陆游有诗:"乌桕赤于枫,园林九月中。"梅妻鹤子的林和靖说:"巾子峰头乌桕树,微霜未落已先红。"在诗人笔下,乌桕叶被渲染得比红枫更美。清代本土诗人章鼎则道:"经霜乌桕初红叶,一色秋光有浅深。"好个"一色秋光有浅深",真有味道。

天气转凉,乌桕叶落,地上一片彩锦,此时,乌桕树的枝条显得干净利落,骨骼清奇,看上去有几分孤高清寂,有几分清心寡欲,又有几分古朴素雅,如一幅清烟疏淡的国画,让人想起古道黄昏。这时候,树上的串串乌桕籽也成熟了,颜色由青绿变成黑色。熟过头时,乌桕籽的外壳会自行裂开,裂成三瓣。

白色的乌桕籽挂满枝头，很有美感，古人有"偶看桕树梢头白，疑是江梅小着花"的诗句，说偶一打眼，看到树梢上的乌桕籽，还以为是白色的梅花呢。乌鸦喜食乌桕籽，植物志上说，乌桕之得名就因为此。旧诗中有"日暮伯劳飞，风吹乌桕树"的句子，很有画面感，黑色的树干，挂着成串的白色桕籽，暮色苍茫时，伯劳飞过，这样的意境，简直成了江南风物的象征。

乌桕籽既可用来浪漫主义，又可用来现实主义——剥落了外壳的乌桕籽，圆滚白胖，如鱼眼大小，它外面包裹着的白色油脂，俗称桕脂，用来榨油制烛。用桕脂做的蜡烛，莹白如羊脂玉，温润而柔软，有植物的清气。故有些地方，称乌桕树为蜡烛树。用乌桕籽榨制的白油、清油，清亮无比，放在油灯之中，加根灯芯草可燃至天明，是别的灯油所不及的。乌桕油还是天然的染发剂，古书上言之凿凿，"涂头令黑变白"。

过去，乡里的孩子常去捡拾乌桕籽。乡里的孩子，啥树都敢上，唯独不敢碰乌桕树，因为树上有很多毛毛虫，被刺后，身上辣乎乎的，又痛又痒，故台州人把毛毛虫称为"毛刺辣"。大人们用钩子钩乌桕籽，孩子们在地上捡拾，乌桕籽捡回来后，如果没熟透，就放在大太阳底下暴晒，晒裂后，籽仁剥起来就省力多了。乡娃子拿乌桕籽去供销社换得三两零票来，欢天喜地地去买糖果，或者到书摊前租小人书看。

乌桕树的树干虬曲,但木质细密,纹理美观,宜雕刻。家里有一块木镇纸,是乌桕木做的,有着木质特有的温润。我还买过一双乌桕木做的木屐,走起路来,啪嗒啪嗒地响。

泡桐

今年冬天真是冷，赤龙山上的树都给冻得无精打采。幸好到了谷雨时节，暖风一吹，又下过几场春雨，树木很快就变得葱茏葳蕤，春再深一些，叶子就从浅绿嫩绿变成浓绿鲜碧，而且是油油的、亮亮的、精神气十足的那种绿。

家住赤龙山下，客厅正对着赤龙山。住在赤龙山下真好啊，季节流转中的变化，可以如此真切地感受到。

春天里，山上开花的树不少，我尤其喜欢珙桐，叶大如桑，白色的花朵似鸽子展翅，起风时，花朵微摆，我总疑心有一群白鸽在树上闹腾。

山上有好几棵苦楝，舒展的枝干，轻盈的叶子，花满枝头时，显得飘逸、浪漫，那一树细碎的繁花，犹如昨晚刚刚飘落的新雪。日本的清少纳言觉得楝花是有意思的花，她说："树木的样子虽然是难看，楝树的花却是很有意思的。像是枯槁了的树似的，开着很别致的花，而且一定开在端午节前后,这也是很有意思的事。"楝花在春天的花事里,扮演的是殿后将军的角色,"处处社时茅屋雨,年年春后楝花风",二十四番花信风里,梅花为始,楝花为终。苦楝花开,是春天将尽夏天将至的信号。山上的苦楝花一开,我就准备收了春衣,拿出轻薄的夏装。

苦楝花好看,但花朵、树叶、树皮和结的籽都有苦味,简直就是"苦大仇深",虫儿一般不会来吃,本地方言有"苦楝树籽串加串,香梨雪梨勿肯来"之句——苦楝树结的果实一串串,而梨树结的果子比较少,意谓平常的孩子多,拔尖的孩子少。苦楝树的果实,有个好听的名字叫"金铃子"。而在传说中,苦楝树的果实是凤凰的食物。上古时候的这些神鸟,口味着实不一般。

山上还有泡桐树。时令一到谷雨,高大的泡桐树就开出满树的花朵,作家阿来说它的花,是"不可思议地硕大繁密"。泡桐的花,像一串串淡紫色的风铃,花筒深邃,它的香气,四散飘溢,随着花事的渐渐繁盛,那花香,也渐酽渐馥。泡桐的花有一种特别的味道,怎么说呢,是那种暧昧的、不甚分明的香味,香得让人有点意乱情迷。传说中,性格高洁的凤凰"非晨露不饮,非嫩竹不食,非千年梧桐不栖",我觉得,凤凰是应该栖在开满紫色花朵的泡桐树上的,因为紫色还代表高贵。

没开花时,我并不觉得泡桐树特别,它素朴到有点儿寒碜;

江南草木记

可一旦开花，整棵树变得明艳照人，那密密匝匝淡紫色的花朵，好像青春的欢颜，说不出的明亮和活泼。甬台温高速路两旁，有好多株苦楝树和泡桐树，花开时，这段路变得活色生香，平时我总觉得车子开得太慢，当楝花和泡桐花开时，我希望车子开得慢些再慢些。

一位学医的朋友跟我说，泡桐花是一味中药，可以用来治青春痘，取春天的新鲜桐花数枚，揉搓出汁，在痘痘上反复涂擦，连用三天即见效。未曾试过，不敢妄言真假。有一年到豫东平原出差，见乡野人家采盛开的桐花回家，用滚水焯过后凉拌，把它当成佐餐的佳肴。我们小时候，泡桐花是拿来当玩具的，女孩子把泡桐花串成一串，盘在头上当王冠，或挂在胸前当花链。

"桐花万里路，连朝语不息。心似双丝网，结结复依依。"《子夜歌》中的句子意境多美啊，人间四月天，清朗饱满的紫色白色的桐花，开满长长的山路，仿佛看不到尽头。泡桐花的花朵沉甸甸的，且质地肥厚。暮春时，难免会下几场雨，那啪嗒啪嗒的雨滴打在厚重的花朵上，好像老僧敲着木鱼。我在窗前看着书，听着雨打泡桐花，时光好像静止了。

桐花的花期很短，盛大开放，决绝落地。它的花又很重，坠落地上时，会发出沉闷的声音。一朵泡桐花，啪嗒一声落在地上，好像决绝地告别尘世，刚烈异常。这样的刚烈，是很得日本人喜爱的。我们这个民族喜欢繁花，而大和民族喜欢幻灭，自然也就喜欢泡桐花和樱花决绝坠落的姿势。也好，桐花落地，化作尘泥，那些夹缠不清的爱或者恨，最后连痕迹都不曾留下。桐花万里路上，曾经爱过的人，只是回忆里的某个片段。德国一位植物学家说过，花是人类情感最古老的信使，让我们在观赏的同时看到自己情感深处的秘密。所言极是。

清明节，回天台乡下扫墓，山间小路上，东一株西一株的，都是泡桐树。前几年还是小树苗，过了几年，就变成高高的树了。泡桐树长得很快，而且性子很是随和，不择地儿都能成长，就算在盐碱地里，都能长得风姿绰约。春天里，随便砍一段树根埋在地下，第二年就能长出一棵苗壮的树苗来。三年成林，五年成材，简直是见风就长。长得快的树木，材质多半轻盈，泡桐树也不例外，泡桐木的纹理优美细腻，容易打制，又不易翘裂变形，可以做家具，也可以雕成各种艺术品。它也常被拿来做乐器，《植物名实图考》里，说泡桐"开花如牵牛花，色白，结实如皂荚子，轻如榆钱，其木轻虚，作器不裂，作琴瑟者即此"。曾在旧物市场淘得一尊半人高的观音像，就是用泡桐木做的，还有乡间淘来的一组"四时读书乐"木雕，人物栩栩如生，须发根根可数，也是用泡桐木雕的。

正如春色是关不住的，春光也是留不住的。荼蘼花开，花事终了。

我家窗台正对着赤龙山，春末夏初，山上的荼蘼开了，白色的花朵垂挂下来，有种清幽之美，像新娘捧着的花束。

荼蘼的名字，读之，有些微的迷离，它的别名，听上去也是唇齿生香：白蔓君、独步春、佛见笑。喜欢荼蘼的文人很多，陆游有诗"吴地春寒花渐晚，北归一路摘香来"说的就是荼蘼，李清照也说"微风起，清芬酝藉，不减荼蘼"，都是极美的意境。最喜欢荼蘼的是北宋诗人晁补之，他甚至建议以荼蘼取代牡丹成国花，真是任性。

南宋台州总志《嘉定赤城志》中有对荼蘼的一段描写，甚是旖旎，说荼蘼"一名木香，有花大而独出者，有花小而丛生者，丛生者尤香，旧传洛京岁贡酒，其色如之，江西人采以为枕衣，黄鲁直诗所谓'风流彻骨成春酒，梦寐宜人

茶
蘼

入枕囊'是也"。书中说,花小而丛生的荼蘼,香味较花大者更浓,而京城的一种贡酒,颜色就如这种荼蘼。江西人甚至用荼蘼做成花枕——没想到江西老表那么风雅。我用过不少花枕,薰衣草的、菊花的,就是没用过荼蘼花枕,看了《嘉定赤城志》中的这一段话,对荼蘼花枕生了无限向往。

南方山野,荼蘼常见。荼蘼带刺,故别名就叫悬钩子蔷薇——茎上有钩状的刺,如同悬了一把钩子。它看似狷介,一副桀骜不驯的样子,实则花繁香浓,内心浪漫风流。台州人喜食白药酒(台州方言,即白酒酿),乡里妇人煮白药酒时,会放几瓣荼蘼花瓣到锅里,满锅的香甜,简直要把人醉倒。荼蘼还可煮粥,把荼蘼花瓣用甘草汤烫过,粥熟后,放进去,略煮片刻,即可食用,荼蘼粥极其香美,喝一口,颊齿留香。

"开到荼蘼花事了",是千古感伤之句。荼蘼花开,春归夏至,花事渐淡,常让人产生无尽的惋惜与感怀。暮春时,赤龙山上的荼蘼一开,我见了,难免胡思乱想一番——触景生情,是文人的通病,好像有点作,但是像胎毒,很难根除。昆曲《牡丹亭》中,杜丽娘游园有"遍青山啼红了杜鹃,那荼蘼外烟丝醉软"的唱词,暗示她刚走出深闺,看到美丽的春天,就将告别人世。最青春最美好的情感,就这样生生断送了。对一场情事来说,"花开荼蘼"不是好结局,尽管有完美的开头,但最终以伤心散场。

《红楼梦》第六十三回"寿怡红群芳开夜宴　死金丹独艳理亲丧",写到麝月掣签,有一段暗示红楼女儿最终结局的文字,也跟荼蘼有关:麝月便掣了一根出来。大家看时,这面是一枝荼蘼花,题着"韶华胜极"四字,那边写着一句旧诗,道是:"开到荼蘼花事了。"注云:"在席各饮三杯送春。"麝月问:"怎么讲?"宝玉皱眉,忙将签藏了,说:"咱们且吃酒。"说着,大家吃了三口,以充三杯之数。

宝玉之所以把签藏起来,是因为他知道,签上"荼蘼花开"的字样,意味着浮世没有永久的繁华,荼蘼一开,人间再无芬芳,良辰美景就要结束,终落得白茫茫大地真干净。

故里风物

亦舒写过一本小说，书名就叫《开到荼蘼》。我读高中时，港台小说大量进入内地，男生看金庸梁羽生，女生看琼瑶亦舒。男生整日价做着仗剑走天涯的梦，而女生总想着来一场轰轰烈烈的爱情。琼瑶的文字缠绵多情，有点像凌霄花，而亦舒的文字则清淡、简练，如荼蘼，她的很多书都以花为名，如《人淡如菊》《玫瑰的故事》《风信子》《紫薇愿》《小紫荆》《蔷薇泡沫》《曼陀罗》《花解语》，她以花事来映衬情事。小说中的女子，独立而倔强，背负着一段伤心游走在情感的边缘，是那种开到荼蘼的美丽，在绝望的边缘妖娆地绽放。亦舒的小说情节多有雷同，不过她的语言，像荼蘼一样，清丽又尖锐，颇有可取之处。

比如她说：人们爱的是一些人，与之结婚生子的，又是另外一些人。

比如她说：我也想清楚了，婚姻根本就是那么一回事，再恋爱得轰动，三五年之后，也就烟消云散，下班后大家扭开电视一齐看长篇连续剧，人生是这样的。

比如她说：做人糊涂点好，钱财是身外物，稍后你会发觉，世上最常见的是名与利。最难得的是良辰美景。

——说得一针见血，像荼蘼的刺一样，每一根都刺中情感的穴位。

江南春早，三月春风浓一些，油桐就开花了。

油桐树，台州人把它叫成桐子树，乡村的山前屋后，寻常可见。它是很有季节感的植物，总是应着信风而开。油桐树开的是白花，花蕊里一抹朱砂红，清新可人，让春减了几分脂粉气，添了几分雅致。到了谷雨，便落英缤纷，一地桐花，铺成白色的毯子，好像积雪满地，难怪它的别名就叫"五月雪"，多情人看到一地白花，总不免伤感，周传雄在《寂寞沙洲冷》中唱："自你走后心憔悴，白色油桐风中纷飞，落花似人有情，这个季节，河畔的风放肆拼命地吹，无端拨弄离人的眼泪，那样浓烈的爱再也无法给，伤感一夜一夜。"听得人心也碎了。

本地有一种点心叫"桐子叶包"，我以前想当然地以为是用泡桐树的叶子包的，后来才知道，用的是油桐树的叶子。冬天时，油桐树的叶子落尽，春天，它先长出花，等到暮春时，桐花凋谢，嫩绿的桐叶才从枝条上冒出，初时，如

油桐

江南草木记

小孩子的巴掌，慢慢地，长成宽大翠绿的叶子。乡里的孩子，常去摘桑葚、覆盆子当零嘴儿，吃不完，还要带些回家，没有盛野果的盒子，就摘下桐叶当提篮。山里人平素蒸馒头、发糕、圆子，不用笼布，用的是油桐叶——这种叶子很皮实，加上表面有一层油光，可以将黏糊糊的发糕、糯米圆子隔开。到了立夏、端午、七月半，农家要蒸这个那个的，更少不得桐叶，妇人会差孩子到油桐树下，挑些宽大细滑的桐叶，采摘下来，一片片洗净，妇人把米粉包成香蕉形，搁在桐叶上，放竹笼上蒸熟，这便是台州人爱吃的乡土小吃——桐子叶包。

油桐树跟泡桐树一样，长得飞快，山上的几株油桐，前几年还是小树苗，今年再去看，个头已蹿得老高，跟我家正在"拔节"的儿子一样，简直是一天一个样。

前几年去吴哥，看到路两旁有高大挺拔的油桐树，比家乡的油桐树高大得多，当地人在树干上开个洞，用火烧烤，树就会滴出油来，用来点火照明。家乡的油桐树，是拿满树紫红的桐籽来榨油的。一到夏天，油桐树结了一树的油桐果，乡人摇下油桐果，拿去榨油。

桐油的用处可大了。用桐油刷过的木板，格外结实，过去台州人嫁囡，给女儿陪嫁的米桶、马桶、脚桶之类，刷的就是桐油。黄岩小南门纸扇中的油纸扇，长长的扇面，锁腰形，两面用绵纸糊制,再刷上桐油,既耐看又耐用。

　　小时候用过桐油涂的油纸伞,这种伞,竹篾做伞骨,粗布做伞面,伞面抹着亮晃晃的桐油,颜色如端午雄黄酒的光泽,甚是坚实笨重,别说挡雨,我看挡暗箭也没问题。旧式婚礼中,新娘下轿时,喜娘会用一把红色油纸伞遮着新娘,用以避邪。清明的断桥边,书生许仙为白娘子撑起一把挡雨的油纸伞,那伞"是清湖八字桥老实舒家做的。八十四骨,紫竹柄的好伞,不曾有一些儿破",一把油纸伞借来借去,从此留下一段缠绵千古的爱情故事。而撑着油纸伞的丁香花般的女子,是诗人戴望舒眼中最美的江南风景。

　　张爱玲的《倾城之恋》里,范柳原撇下白流苏,和印度的萨黑荑妮公主厮混。花园里,撑着油纸伞的白流苏兜着圈子,落寞而无奈。一把油纸伞泄露了白流苏的心事,让范柳原停下了脚步。"那把鲜明的油纸伞撑开了横搁在阑干上,遮住了脸。那伞是粉红底子,石绿的荷叶图案,水珠一滴滴从筋纹下滑下来……"这样一对男女,在乱世中,被命运的骰子掷到了一起,成就了一段倾城之恋。在文学作品中,油纸伞简直就是爱情的道具啊。

小暑节气里,市民广场的荷花开了,萱草也开花了。

晚饭后,我到市民广场散步,坐在长椅上乘凉,看着身边的大花萱草在微风中摇摆。萱草的花蕊,如修长的触角,慢慢伸展开去,花瓣略向外卷曲下垂,立于细长的枝端,花形像百合,甚是清秀俊美。唐人李峤说,萱草清幽的香气,如同少女的体香,难怪人们把未出阁的女子称作"黄花女"。

萱草风姿秀逸,腰杆儿挺得直直的,有别的花所不具备的优雅气质。在我眼里,花跟女人一样,气质也是各异的,有的雍容,有的奔放,有的内敛,有的粗犷,有的优雅,萱草就是那种优雅的花。萱草有一特性,它的花期持续数十日,但每花仅开一日,所以,它有个英文名字叫"Day Lily",即一日百合。前几年到美国,在旧金山世博会遗址旁,意外地发现一大片萱草,颇为惊喜,一片萱草,让离家万里的我,起了乡愁。

金针

江南草木记

在古人的眼里，萱草能忘忧，南北朝时它就被唤为疗愁花，吴地的书生们叫它"疗愁"——见了萱草，大概能一解胸中块垒吧。成语"椿萱并茂"，椿是香椿，代表父亲，萱是萱草，象征母亲和孩子对母亲的爱。《诗经》里载："焉得谖草，言树之背。"意思是，我到哪里弄到一棵萱草，种在母亲堂前，让母亲乐而忘忧呢？旧时游子远行时，先在母亲住的北堂前种上萱草，希望母亲因为照顾萱草而减轻对孩子的思念，忘却烦忧。因此，后人尊称母亲为"萱堂"，萱草亦得"忘忧草"之美称。此后，"北堂植萱"引申为母子之情，因它常种在母亲堂前，故又被视为母亲花。

南朝诗人谢灵运从会稽（今绍兴上虞）经乐安（今台州仙居）赴温州永嘉上任途中，过永宁江。永宁江发源于绵亘在黄岩、仙居、永嘉三县交界的苍山（俗称大寺基）。谢灵运登山望海的是苍山第二峰，称"望海尖"。途中，他写到萱草："萱苏始无慰，寂寞终可求。"旷达的表面，内心还是有未浇的块垒，这风中的萱草，也无法抚平他内心的块垒。

台州人把黄花菜称为金针。黄花菜是萱草大家族中的一员。萱草有几百个品种，在城里长大的我，不知稼穑，很长一段时间，都以为平素里吃的黄花菜，就是晒干后的大花萱草。后来才知道，不是一回事。黄花菜和大花萱草虽然都属于百合科，都含有秋水仙碱，但它们只是亲戚关系，黄花菜里的秋水仙碱含量很低，用热水焯过，再用清水浸泡，就会消失，而大花萱草所含的

故里风物

秋水仙碱很高,即便用热水冷水轮番浸泡,依旧吃不得。

我喜欢看乡间晒黄花菜,有农民画的风味。那一年,跟着他回天台乡下,去看望住在山里的二姑姐,山路上,有好多黄花菜。村头,二姑姐正用竹笸晾晒黄花菜。我嚷着要去采黄花菜。二姑姐说,现在去采摘,不是时候了。采摘黄花菜是有时间的,要在含苞欲放时采摘。采摘早了,花蕾不成熟;采摘迟了,花蕾开花了,就不能吃了。采摘下来的花蕊,上蒸锅蒸熟,再放凉席和竹笸上晒干,保存在干燥阴凉的通风处,这样做出的黄花菜色泽淡黄,味甜可口,久煮不烂。

大暑节气,陪几个外地作家去仙居采风,当地朋友陪我们在永安溪上漂流,在绿道上骑行,临了,又送了几袋土特产给我,其中就有黄花菜。仙居的黄花菜颇出名,光绪《仙居县志》载:"金针即萱草也,生于山者曰鹿葱,植于家者曰金针、黄花,味胜过鹿葱。"把山里的黄花菜称为鹿葱,大概取自李时珍的"鹿食九种解毒之草,萱草乃其一"的说法。仙居的黄花菜中,有一种就叫"仙居花",花瓣肥厚,色泽金黄,香味浓郁,鲜嫩爽滑,是当地的名特产。黄,似乎是仙居旅游的主色调,开的是金黄的油菜花和向日葵,吃的是黄花菜和三黄鸡。

黄花菜一物三用,"观为名花,用为良药,食为佳肴",它可以当名花赏,可以当药服,也可以炮制出一道道美食,所以实用主义者和浪漫主义者都喜欢它。黄花菜做的菜肴,味道鲜美,爽滑嫩糯,有铁齿铜牙之称的风流才子纪晓岚最爱吃黄花菜,孙中山先生也曾把"四物汤"当成自己的健康食谱。"四物"即黄花菜、黑木耳、豆豌、豆芽,位列其首的便是黄花菜。看来,黄花菜还是有不少知音的。

台州人喜欢黄花菜,坐月子吃的姜汤面、待客的浇头面,都少不得黄花菜。仙居人相姑爷,相得中相不中,天机就在一碗浇头面中。相得中的话,浇头面里,除了黄花菜、肉丝、豆腐皮、油泡等外,底下还有一对荷包蛋。如果黄花菜等浇头吃下肚,面也快见底,还是没吃到荷包蛋,小伙子就知道自己多半没戏了。

故里风物

二月里，家里的春兰开花了。春兰风骨清奇，有种内敛的美，清末台州才女屈蕙纕有一首《望湘人》，她用"瘦倚金风，凉含玉露"来赞美兰花脱尘之美，我以为，兰花是经得起这番赞美的。

兰花生于荒山僻壤，长于涧底幽谷，姿容素雅，的确有一种出尘之美。人有人格，花呢，亦有花品，在中国传统文化里，兰花是人品和气节的象征，用来比喻安贫乐道、独善其身的隐士高人再恰当不过。百花中，兰花的地位很高——一香足以压千红，别的不说，光凭它的香，就足以抵过万紫千红的美。其实，若论香味，兰花的香显然不是最浓郁的，但胜在清香幽远。兰花生长在深山静幽处，故被称为幽兰，它的香味也是幽幽的，不带一丝脂粉气，兰花的这种个性，就像《牡丹亭》里所唱——你道翠生生出落的裙衫儿茜，艳晶晶花簪八宝填，可知我常一生儿爱好是天然。清代画家蒲华，擅画竹，也爱画兰，他笔下的兰花，或几茎，或数丛，或倚石，或临

兰花

水,墨色淡雅,叶片细长瘦韧,有冷清绝俗之风韵,寥寥几笔,清趣无穷。

马上看将军,花间看美人。以花貌喻美人容颜,在文学作品中司空见惯,形容女子的美貌,用的植物是莲,是芙蓉,是桃花。脸色红润,是"依旧桃花面,频低柳叶眉",长得美丽,是"芙蓉如面柳如眉",步态曼妙,则是"轻移莲步""一步一朵莲花"。至于品性,则要用兰花来比,"兰心蕙质"就是对一个女子最高的评价。

雨水和惊蛰节气,春兰开始登场,这些年来,每到这两个节气,台州总要举办几场兰展。这是台州春天里的第一场花卉选美大赛,来自民间的春兰齐齐亮相,比一比谁开得最美,谁开得最香,谁的身价最高。

兰花也有严格的选美标准,中国古代对美女的标准很多,手要如柔荑,肤要如凝脂,领要如蝤蛴,齿要如瓠犀,还要螓首蛾眉。对兰花色香味也有讲究,色泽以嫩绿为上,浓绿次之,赤绿更次之,花红色鲜明者也佳,素花即全花一色的更佳。香味则以清雅、纯正、温和者为佳,味道过于浓烈则为下品。美人要香肩,而兰花以平肩为上品。严格程度,不亚于选美。

身边有几个养兰高手,他们对兰花的感情,可以用一个"痴"

字来形容，就像屠洪刚唱的《霸王别姬》——人世间有百媚千红，我独爱，爱你那一种。他们被兰花迷得神魂颠倒，一掷千金，就是为了一朵兰花。他们培育的兰花，叫台州牡丹、金鼎荷、玉芙蓉、黄花素心、流云、红宝莲、冰美人、莲瓣观音素、仙居碧玉、括苍凌荷……这一个个兰花的芳名，简直就是风情万种的美人的艺名。

　　家乡父老甚是爱兰，山民上山斫柴，满挑的柴火中，常有一两株山野的兰花，这是他们砍柴时随手挖来的。想着那些山民、樵夫担上插着兰花，夕阳西下时施施然回家，便觉有悠然之气。某位老先生一生痴爱兰花，得空时常约上三两兰友，到山中寻找好兰，一旦找到一株上品的兰花，不论是谁发现的，都是见者有份。古稀之年，老人家在山上挖到一棵好兰，心满意足，谢了土地爷，此后不再上山寻花。人与植物、人与自然的情感，是如此亲近，却又如此单纯，在这个物欲横流的时代，几乎成了绝响。

　　春兰开时，总有朋友邀我去赏花。朋友有个很大的院落，院里的两个大棚暖房里，养着上千株的兰花。他是养兰高手，他养的兰花，曾斩获中国兰博会多项大奖。最贵的一株兰花，比一辆宝马车的价格还高。以往，我总是迫不及待赶了去，唯恐错过兰花的嘉年华，这一回，我慢笃笃地说，我家的兰花也开了呢。

　　是在突然间，闻见兰花香的——昨晚在单位加班，回家已晚，到阳台上，伸了个大大的懒腰，闻到空气中若有若无的幽香。定心一闻，是春兰的香。细一瞧，发现角落里的那盆春兰，趁我不在时，不声不响开花了。

在冷寂的早春，悄然开放的春兰，给了我春天的第一个惊喜。

江南草木记

金银花是极善铺陈的花，仿佛旧时的骈文，洋洋洒洒，辞藻华丽。它见缝插针，穿缝过隙，它的藤蔓能把竹篱缠满，并且沿着竹架，弯弯曲曲地伸向天空，繁茂得有几分霸气。它虽然也是攀缘类的植物，风流缠绵，但是骨骼清奇，别有风姿。

金银花开花时，不是三两朵地绽放，而是一簇簇地开满了藤蔓，花团锦簇，是那种成群结队的闹热。

金银花的花蕾，很有特色，长短如火柴梗，初开时花色为青白色，露出细细的花蕊，两三日后，白色的花瓣就开始泛出黄色，黄白夹杂，到最后，完全变为金黄色，故名金银花。开花时的金银花，神采飞扬，像春风得意的美人，展开的花瓣，一如舞蹈演员半空中伸出的纤手，姿势十分优雅。

金银花长得喜兴，成双成对，生长在叶腋

金银花

间，就像开在叶儿的心上，两朵花虽分散两边，但其蒂相连，像永不分离的恋人，又如情深意浓的情侣，故又叫鸳鸯草。古书《益部方物略记》有介绍："鸳鸯草春叶晚生，其稚花在叶中两两相向，如飞鸟对翔。"叫它鸳鸯草，委实形象不过，在东方，它是爱情的象征，在西方，金银花代表着"献身之爱"——只求付出，不求回报，爱就爱了，就是这般痛快。金银花的老家在东方的黄河流域，有一首民歌，借金银花言情："山盟不与风霜改，处处同心岁岁香。"而莎士比亚的《仲夏夜之梦》，同样有一段缠绵的情话："菟丝也正是这样温柔地缠附着芬芳的金银花；女萝也正是这样缱绻着榆树皱折的臂膀。啊，我是多么爱你！我是多么热恋你！"看来，东西方在金银花上的认知倒是出奇的一致。

女友有个院子，院子里爬满了金银花，夏天去她家，还未进门，就闻得清香。女友问我要喝什么茶，我指指金银花，要喝现成的花茶。女友顺手采摘了一把含苞待放的金银花，置于玻璃杯中。一个个花蕾先是垂直地悬于水中，待水浸透花蕾之后，则陆续沉入杯底。喝一口，有清香之气。

金银花很好栽培，它不择地方，随处可长，举凡山之野、水之畔、树荫之下、田头地角，概能落地生根。它是很随性的植物，寒也可热也可，阳也可阴也可，干旱也可水湿亦可，都能适应。台州的山野之中，金银花处处可见。旧时有院子的人家，会在院子里栽上金银花，既可观赏又可药用。周杰伦在《本草纲目》里

故里风物

唱道："马钱子决明子苍耳子还有莲子黄药子苦豆子川楝子……已扎根千年的汉方,有别人不知道的力量……"不只他唱的这些植物,金银花也有神奇的疗效。

过去,金银花是农家的万能药,农家孩子偶感风寒,或者身热、发疹、发斑、咽喉肿痛,或者中了暑,或者生了疔长了痱子,大人会采摘金银花泡茶让孩子喝,喝个一两天,孩子又活蹦乱跳了。金银花性寒味甘,清热解毒再好不过,《本草纲目》说它善于化毒,可以治痈疽、肿毒、疮癣。

金银花加水蒸馏,就可炮制出"金银花露"。旧时台州药铺的柜台上,经常摆放着一个装有金银花露的瓷坛。城里不像乡村,随处可摘金银花,城里孩子生了热疖、痱子、暑热,大人就拉着孩子到药铺,买上几角钱的金银花露,十分管用。小孩子最怕吃药,但金银花露味道甘甜清凉,喝它就像喝饮料。金银花露,似药非药,别说小孩子爱喝,怕吃药的我也爱喝。

金银花还有一个名字,叫忍冬。因为它夏季开花,到了秋末,老叶脱落,叶腋间又有新叶长生,经冬不凋,故名。别的攀缘植物,凌霄也罢,紫藤也罢,一到冬天,只剩下光秃秃的枝干,一点也看不出曾经的风华绝代,唯有金银花依旧青绿着,天寒地冻之时也不改芳华,精神抖擞地过冬,生命力可谓顽强,难怪佛教里喜欢用忍冬花纹,以此象征人的灵魂不灭、轮回永生。

波兰诗人米沃什有一首很有名的诗，就是为它唱赞歌的：

如此幸福的一天。
雾一早就散了，我在花园里干活。
蜂鸟停在忍冬花上。
这世上没有一样东西我想占有。
我知道没有一个人值得我羡慕。
任何我曾遭受的不幸，我都已忘记。

看到忍冬花，米沃什心满意足，在这个尘世里，他想要的，不是锦衣玉食，而是一点美一些爱，当美丽的蜂鸟停在忍冬花上，所有的一切，都淡如轻烟。

蒲艾

周末去温岭访友，相约登方山。台州的方山有二：一在温岭，此方山是温岭与温州的界山，属雁荡山北沿余脉；二在天台，与磐安接壤。两地的方山都是火山喷发后的遗存，山顶平直如砥，形如方盒，故名，一上方山，不免让人生发些沧海桑田的感慨。及至峭斗洞口，见一门联"峰回尘境隔，花落洞天幽"，真是好联。石阶两旁是一片浓荫，刚下过一场雨，又出了太阳，叶子绿油油地亮着，似有太阳的光芒，鸟儿啁啾鸣叫，顿觉一片清寂，偶见花木上的残花落下，有孩童举着菖蒲剑从山下直冲下来，心里忽地一惊——快到端午了。

"樱桃桑葚与菖蒲，更买雄黄酒一壶。"端午的习俗，像是节令的小品。

端午节里的蒲艾是不能不提的。蒲艾是两种植物，一是菖蒲，一是艾草。宋《嘉定赤城志》中云："艾，俗名蓬蒿，土人于重午前一日收其叶以制药。"原来"蓬蒿"就是艾草呀。李白有"仰天大笑出门去，我辈岂是蓬蒿人"句，诗中以蓬蒿人代指草野间人。而菖蒲，《嘉定赤城志》中则云："生石罅者曰石菖蒲，叶细；生陂泽者曰水菖蒲，叶微大。"——菖蒲有两种，生于石头缝隙的叫石菖蒲，叶细，而生于水边湖泽的称为水菖蒲，长三四尺，宽两三指，叶片修长，像是一口青锋宝剑，故别名水剑草。端午，我家的门上，必交叉悬两把斩妖的菖蒲剑，似有凛然的锐气，妖呀鬼怪呀，全给挡在门外。

菖蒲在传统文化中是防疫驱邪的灵草，古人还把它当成神仙之灵药，因为它"不假日色，不资寸土"，生命力顽强。而石菖蒲更是文人书房的清供上品。在俗人眼里，菖蒲也就一蓬草而已，根本谈不上姿色，而文人雅士却对它倍加推崇，说它"有山林气，无富贵气，有洁净形，无肮脏形"，认为它无趋炎媚俗之姿，有文人风骨，把它与兰、菊、水仙并称"花草四雅"，连东坡居士也对菖蒲青眼相加，赞它"忍寒苦，安淡泊，与清泉白石为伍"，如此说来，这菖蒲格调还真不是一般的高。

端午是有香气的节日，它的香，来自艾蒿、菖蒲、粽叶，那是草木散发出来的气息。平日里，菖蒲和艾叶是乏人问津的。而在端午前几天，早早地，就有附近村落里的乡人，挑着担子到城来里卖，小贩们则为五彩缤纷的香囊、香包起劲吆喝，空气中游走着青草的香味和浓重的药味。

艾草的药香气较菖蒲浓，艾叶的叶面暗绿，叶背微微地泛着白。"彼采艾兮，一日不见，如三岁兮。"《诗经》里的艾蒿，代表着情深意长的挂念，是一日不见，如隔三秋。

老人们说，艾叶和菖蒲都是好东西，可以辟邪。邪不邪的且不去管它，不过我知道，艾叶是草药，又可用于灸疗，因此被民俗看重。譬如眼睛红肿，用艾叶煮鸡蛋，把鸡蛋剥了皮，在眼睛一周滚上几滚，颇能见效；用点燃的艾叶熏穴位，能治病。我很是相信艾灸的功效，偶染风寒，必去家门口的理疗馆做个艾熏。艾叶还能治打嗝：打嗝者平卧于床，将干艾叶搓碎，用绵纸包裹，点燃，置于床头，闻上三五分钟后呃逆即可止住。少不更事时，对老人说的这些，统统嗤之以鼻，现在则不敢妄下结论了，实践证明，老人家的生活经验还是挺管用的。

除此之外，艾叶还有一个好处，就是驱蚊虫。小时候露天乘凉，只要点上艾叶，蚊虫就不敢近身，比现在的驱蚊片、蚊香什么的都管用，而且气味十分好闻。说到驱蚊，以前还有一种雄黄"炮冲"，点燃后冒出一股浓浓的、刺鼻的烟雾，将它置于床底、水井边等蚊蝇多的地方，不多时，便见蚊蝇横尸一地。

台州诸地，如三门、温岭、玉环等，在端午这一天，有洗草药澡的风俗，而草药里断然少不了艾叶。端午前，妇人们采来艾叶、菖蒲、马鞭草、大小蓟、香附草、鱼腥草、薄荷叶等，熬出一大锅黑黑的药水，老人说，洗了"午时草浴"，身上一年都不会长疔疖，孩子多半不愿意洗，主要是受不了那股浓烈的药味儿，但毕竟拗不过大人，纵然是一百个不愿意，还是被扒光衣服强按在澡盆里。

端午鬼怪多，除了门上要悬两把菖蒲剑辟邪外，还要给孩子们手腕、脚踝或颈间系上五色丝线，谓之长命线，用以辟鬼，因端午是五毒日，而非吉日，在天台等地的农村，至今有端午是日忌生子的说法。这一天，香袋香包也是少不了的，以前女子都会缝香包，用绸布裹苍术、雄黄、艾草等香药，也有用丝线织成网袋，内装樟脑丸的，取其驱虫辟邪的意思。

跟端午有关的还有赛龙舟，想那锣鼓喧天、船如箭飞，一定闹猛得很。余生也晚，在台州生活多年，至今未能得见赛龙舟那壮怀激烈的场面，颇觉遗憾。端午日，在门上悬两把菖蒲剑，在屋角熏一把艾草，也算是意思到了。

红蓼

天已经蓝了快一个月。台州的天空真是蓝，天高云淡，不像一些城市，一年到头阴着个脸，偶尔天蓝一下就乐得跟什么似的，朋友圈里都被刷了屏。天一蓝，便觉得阳光也通透温暖，心情也跟着亮堂，何况，秋天已经到了，是神清气爽的时节。

紫薇、木槿热热闹闹地开了一夏，终于落幕了。秋天里，出场的是桂花和葱兰。葱兰不甚起眼，容易被忽略，可我喜欢此花，纤巧的花朵，白的花，黄的蕊，不管晨与暮，开得那么清新，轻尘不染的样子，让人心境跟着澄明。

还有一种秋天的植物，是不能不提的，那就是蓼。《小雅》中写的"终朝采蓝"，就是蓼蓝，古人拿这种植物来染制衣服。到郊外漫步，很容易看到一丛丛的蓼。蓼有两种，南宋台州府志《嘉定赤城志》中云："江岸者曰红蓼，道旁者曰辣蓼。"辣蓼，台州人又称之为水辣蓼，成片地生长在水边潮湿之地，是乡间卑微的草本

故
里
风
物

植物，跟车前草、半边莲、半夏一样，长在乡间野陌，湿地近水的地方最多，这里一小丛，那里一大片，茫茫然然的样子，结着红色长条的穗子，开着淡红或白色的花，有点像倒挂的麦穗。秋愈深，其色愈浓。周瘦鹃先生很是抬举它，把它与芙蓉并称为"水边双艳"。

秋天的红蓼，在风中摇摆着，似在偷听水与风的谈话，初一看，无甚出彩，细看，则觉出它的风情。红蓼清丽浓艳的花色，有一层古典的美，是可以入诗的植物。红蓼跟岸边水洲、沙鸥翔集相连，分明有秋的意境。临海《巾子山志》有诗："菊径香时来塞雁，蓼滩深处立沙鸥。"菊花开时，大雁南飞，长满红蓼的溪滩上，沙鸥独立寒秋，简直就是一幅国画。宋末元初的台州才子黄庚亦有"十分秋色无人管，半属芦花半蓼花"句。我觉得这句诗特别有味道，比起他别的名句——"人无气节何足道，腹有诗书自不同""溪深难受雪，山冻不流云"之类，少些耿介的文人气，多了几分田野质朴的气息。

南宋道教全真南宗五祖白玉蟾是福建人，为了修道，他长居天台山，秋日里坐船过黄岩，看到大雁从头顶飞过，岸上满是白蓼，蓼草开出白花，秋风一起，浪一般向一边倒伏，一时感怀，作诗一首："星辰冷落碧潭水，鸿雁悲鸣红蓼风。数点渔灯依古岸，断桥垂露滴梧桐。"我觉得，这位老道的心中有一种说不出的"苦"味，就像周作人说的，"心思散漫，好像是出了气的烧酒，一点味道都没有"。

又说到周作人了，周作人的《乌篷船》里也写到了秋之红蓼。《乌篷船》是周作人"苦雨斋尺牍"中的一篇，以书信体的形式展现了绍兴意味悠远的日常生活。周作人早就说过，他虽然生活在大革命前夕的动荡年代，内心深处却向往着雨天，喝口清茶，同友人谈闲话，以为"那是颇愉快的事"。《乌篷船》里描写秋天的景色，"岸旁的乌桕，河边的红蓼和白苹，鱼舍，各式各样的桥，困倦的时候睡在舱中拿出随笔来看，或者冲一碗清茶喝喝"。文字是那种素面朝天的明净、冲淡。

红蓼入诗，也入画。《红蓼水禽图》是中国美术史上的花鸟画名作，其所绘意境正如一首诗所咏："西风红蓼香，水禽破苍茫。"白石老人也喜欢拿红蓼入画，《红蓼》《红蓼群虾图》《红蓼蟋蟀》都是他的小品，画面意境清旷，幽远辽阔。不过，话说回来，但凡国画中有三两笔红蓼，意境没有不清旷的。

浪漫能当饭吃吗？还是来点实在的吧。在风雅之士眼里，红蓼是可以入诗入画的植物。在乡人眼里，红蓼气息泼辣，可驱蚊、酿酒，是可以派上大用场的。夏天，乡人将红蓼割下晾干，用来驱蚊蝇，气味辛辣，蚊蝇被驱逐得远远的。红蓼的这种功用，像艾草。海边一些地方的人，烧望潮之前，会把望潮裹进辣蓼里，在石板上摔个七荤八素，经此一摔，望潮的味道更加鲜脆。

故里风物

红蓼亦是酿酒的材料。台州的乡村,至今还有人拿它当作酒引子。红蓼的别称就是酒药草、酒曲草、酒酿曲等,这些名字,多多少少透露出红蓼的底子。好像一个人被唤作酒鬼,总有不小的酒量打底吧。秋天时,乡人去水边采集红蓼的籽,揉在面粉里,搓成一个个丸子,置于阴湿地方,发霉出乌花,就成了"曲霉",这"曲霉",是酿酒中少不得的玩意儿。

早些年,台州乡下集市里,有卖红蓼做的酒药。至今,天台、仙居的一些乡村,做白药酒(甜酒酿)时,主妇也会用上红蓼酒药。

每每看到红蓼,心中便生出浓浓的秋意,有时,还会生出微醺的感觉。

春分节气一到，春光一路妩媚开来。

柴爿花

"一路山花不负侬"，山野的花到处都是，所谓的春色无边，就是这光景吧。各种野花，都赶在这一季绽放，花事繁盛得让人看不过来，有种野花，开起来一嘟噜一嘟噜的，花极美，颜色像勿忘我，是我喜欢的那种蓝，纯净得像雨后的天空。春天的花，多半是"可爱深红爱浅红"，它的蓝色，便显得格外出挑，格外的清新喜人。这种花的大名我不知，它是山野杜鹃之一种。我只知道它的小名——天台人喊它为"癞头花"，而椒江人口中的"癞头花"却是野蔷薇。想不通台州人为什么会这么叫，好像一个娇俏的女子，偏被唤作"丑娘"。

清明花事里，山野的红杜鹃是不能不提的。周末去了三门东屏，稻蓬山上的千亩野杜鹃，开得如火如荼。"暖日凝花柳，春风散管弦"的江南温软地，生长的却是这般火辣辣的花朵，一到春天，这里的红杜鹃大大咧咧地开着，像是一大

江南草木记

故里风物

片红霞落在枝头上，漫山遍野都是，远看如火焰，如最浓烈的情，映得整个山都红彤彤的，难怪别名叫映山红。让人见了，只想唱一曲"花儿为什么这样红为什么这样红"。

杜鹃花有花中西施的美称，在我看来，它更像是性烈如火的女子。东西方文化的差异，从一朵杜鹃花上也能看出来，在东方，杜鹃啼血是悲伤的传说，所以杜鹃花代表着"刻骨绝望的相思"，而在西方，却是"节制而快乐的爱情"的象征。男女相爱，有的时候，真的不宜用情过猛，节制一些，说不定更能长久。老祖宗知道这个理，说"情深不寿"——太过于猛烈而深情的感情，常常长久不了。

家乡人把杜鹃花称为柴爿花。大约是因为杜鹃花的枝干，像是山里的柴爿，可当柴火烧，白居易就说杜鹃花"不似花丛似火堆"，这诗写得真是直白。宋《嘉定赤城志》中则云，杜鹃花"俗号映山红，一曰红踯躅，王荆公诗所谓'亦见旧时红踯躅'是也。又有一种紫色，唐贞元中僧自天台钵中以药养其根，种鹤林寺，或见红裳女子游花下，俗传花神，即此花也"。这志书，写得简直像是《聊斋志异》，连花神都跑出来了。

江南的山野，一到春天，满山遍野都是红色的柴爿花。柴爿花开时，无遮无拦，把个大红色彩肆意地铺展开来，有种不管不顾的任性，引逗得城里人忙不迭地下乡采花踏青。春天时，景飞师兄邀我们去赏花,他那里有万亩杜鹃林,开得颇有气势,一到春天,万山红遍,因为忙,没去成,心却念着。明年此时,趁春光未老,一定去看个饱。

乡野的孩子,最亲近的花,大概就是柴爿花了。清明时节是柴爿花开得最盛的时候,小孩跟着大人上坟祭祖,总不忘采一把回来,插在家里的空酒瓶里。农家娃子玩得兴起,会摘儿朵柴爿花瓣,拔掉里面的花蕊,把花瓣塞进小嘴,有滋有味地嚼着。小时候,与小伙伴在山上野着闹着,酸酸甜甜的柴爿花我没少吃。我们小时候,没什么零食,大家都拿柴爿花解馋。

家乡的童谣、情歌、谚语里,写到柴爿花的不少。有一首儿歌叫《柴爿花》,写得很有味道:"柴爿花,红大大,四只航船载白蟹。白蟹壳,两头尖,泥鳅讨老嬬(本地方言,老婆),水鸭做新妇,高脚雄鸡做陪鼓,狼鹅(本地方言,乌鸦)叨柴狗烧火,猫做厨官老鼠夹桶盘,夹到半路口口吃个完 。"

这首儿歌充满童趣,用土话念起来,味道特别好,我尤喜欢这一句——"水鸭做新妇,高脚雄鸡做陪鼓",充满世俗的趣味。临海也有民谣:"柴爿花朵各朵,爷爷中意小孙户(本地方言,媳妇)。"念起来,韵脚很齐整。

家乡的情歌里,也少不了柴爿花。"柴爿花,笑连连,半升

故里风物

谷子落秧田，上丘拔秧下丘栽，十八小妹送茶来。"这是三门情歌《妹等小哥到哪年》，歌声抑扬顿挫，回味无穷——一个富家小姐，爱上了种田郎，在柴爿花开的时节，情郎下地插秧，情妹妹"金打茶壶银镶环"，送茶到田头。这位富家小姐看来是个性情女子，不管两人地位悬殊，爱起来，是天雷勾地火的那一种。

有一年开春，到丽江旅游，当地朋友客气，请我消夜，聊得尽兴，喝到微醺，走起路来有点发飘。朋友说，这样子有点像羊踯躅——在香格里拉湖边的山上，春天盛开着黄色的野生杜鹃花，羊误食它的花和叶后会踯躅蹒跚，步履不稳，故名"羊踯躅"。风起时，杜鹃花瓣飘落到湖水里，湖里的鱼跃上水面，抢食杜鹃花瓣，结果醉得东倒西歪。从山里出来觅食的熊，见到这么多鱼，乐不可支，大吃特吃，结果熊吃了醉鱼，自个儿又醉了。

听了她的话，我对香格里拉很是神往，我很想在香格里拉湖边，被杜鹃花醉倒。

江南草木记

芦苇

白露节气，芦花初放，每每此时，驱车经过椒江的葭沚，都忍不住想，千百年前，这里的蒹葭，可曾苍茫过？这里的伊人，可曾在水边巧笑倩兮？这个地方，车水马龙，喧闹得紧，可我还是忍不住浮想联翩——葭沚这名字，起得那般诗意，像田野上空柔和的风，暗示着秋的到来，像夏天头顶上滚过的闷雷，预示着大雨将至。"葭沚"之名，隐隐地，欲语还休地，提醒着路人：曾经，这里有过成片的芦苇，烟波涌动，水天空旷，风过处，芦苇波澜起伏，惊飞成群的水鸟。当年南宋皇帝赵构南逃经过此地，当时的葭沚尚是浩渺的水面，遍地芦苇，连个地名也没

有。赵构由众官迎接下船然后上轿，"上辇"之名由此而来。辇，即皇帝坐的车。乡人不解其意，以为辇字生僻，写成"上研"二字，唐突一段古意。

芦花初放，是秋日里醉得倒人的景致。"蒹葭苍苍，白露为霜"是《诗经》里流传千古的一句诗。蒹葭是初生的嫩芦苇，初生的芦苇轻盈洁白，远看的确苍苍茫茫。霜花点点，芦花飘飘，有位伊人，在水一方，又含蓄又有意境，只要有蒹葭、有佳人，总归是诗情画意的。风吹芦苇，远望去，如丹青高手，逸笔草草。

在实用主义者的眼里，植物要有用才有价值，如此说来，乡间野外的芦苇用处倒也不小，芦花无疑是一味好药。唐《本草纲目》言芦花，"水煮浓汁服，主霍乱"。《本草图经》载，煮浓汁服，"主鱼蟹中毒"——吃了鱼虾蟹上吐下泻后，解药就是煎一碗浓浓的芦花汤。《本草纲目》说它可治鼻衄，治血崩——"烧灰吹鼻，止衄血，亦入崩中药"。芦苇的根，则有清热生津、清热排脓、宣毒透疹、利尿解毒之功。《本草纲目》言其"主消渴客热，止便不利"。用芦根煮粥，对肺胃热盛、阴津亏损之症有效。三国时葛玄在天台山修道，为给当地百姓治病，在县西南沼泽地种植了大量的芦苇，用以治烦热等症，这个地方就被当地人称为芦峰。

更多的诗人，见了纤细温柔的芦花，想到的不是治病，而是诗意。宋时台州名士杜范，曾官至右丞相——相当于国务院副总理，他在《寄题芦洲》中写道："幽人作计筑幽居，傍水为亭手植芦。何爱世间闲草木，只缘胸次有江湖。"居庙堂之高的他，流露出的却是对江湖之远的向往，他希望在水边有一幽静的居所，边上植满芦苇，以便安放他的情怀。

芦花一开，和尚也跟着出来吟风弄月了。南宋的济公和尚就有一首《醉傲》："转身移步谁能解，雪履芦花十二楼。"这个时候，他不像那个疯疯癫癫的和尚，简直就是浪漫主义诗人，"雪履芦花十二楼"，美得像是一幅风情画。

露重，秋浓，芦花盛放。芦花开得很是飘逸，如雪，似霜，穗穗白花，在风中纷扬。诗人把春天飘扬的柳絮称为烟，纷飞的柳絮叫作烟花，而芦花又何曾不是秋的烟花？

白露时节，我过天台清溪。清溪是始丰溪和三茅溪交汇处，水面开阔，涨沙成渚，每到秋来，随风摇曳的芦苇丛中，不时传来嘎嘎的野鸭叫声，不知名的水鸟，躲在芦花下梳理着羽毛，鸿雁、白鸥更多，飞落芦苇丛中栖宿，在水边做一晚清凉的梦。

乡间的溪边、路旁、屋角、塘沿，随处可见芦苇。我在天台寒岩边的溪岸上，见过很高大的芦苇，许是地肥，这里的芦苇，青色的杆子格外粗壮，似温岭青皮甘蔗般，成片的芦苇林，看上去像是青纱帐。那高大壮实的芦苇丛上，托出一杆杆盛开的芦花，毛绒绒，暖烘烘，在渐凉的秋日，使人的心不至于过于悲凉。在古代的文学作品中，茎叶强韧的这种芦苇，代表着坚贞的爱情——任何植物跟爱情挂上钩，都能博得我的好感。我是不是忒多情了些？

芦花开放，似清理浑浊的拂尘。旧时乡人把芦苇砍下来，扎成扫把，晒干后拍去芦花，又轻便又好使。而芦花晒干后，装进枕头套中，可做成芦花枕，躺在上面，似躺在绵软的云朵上。清代诗僧八指头陀就是这么说的："一身漂泊三千里，独宿芦花月满船。"一颗心再是漂泊，躺在绵软的芦花枕中，想必也会安定下来的。

岂止是唐诗，那些宋词，

那些元曲，甚至于现代诗的桃树下，

都有个做着春梦的女子。

一树繁花

桃花

桃花的美，江南的人都能说出一二。

桃花是充满诗意的花，一切与美人有关的事物，均可以"桃"冠之。粉红的两颊，那是"桃腮"；可爱的酒窝，那是"桃靥"；穿的是春衫小桃红；化的妆叫桃花妆；那些风流的情事，被称为桃色事件；甚至喝的养颜酒也叫桃花酒——采盛开的桃花，浸泡酒中服之，可以美容。桃花二字，仿佛有着无以言说的风情与暧昧。

春天来临的最好信物，就是桃花，所谓的"桃红又是一年春"，就是这个意思吧。梅花开了，只是意味着冬天要走了，迎春花开了，也只不过吹响了春天的号角，只有桃花开了，才意味着货真价实的春天来到了。

春分节气一到，我就心痒痒的，只想着到长潭水库去，那里有美味的胖头鱼，还有成片的桃林。村里的桃花，如粉锦红缎，开得浩浩荡荡，是《诗经》形容的那样，"桃之夭夭，灼灼其华"。

人面和桃花相映，是别样的风情。废名先生曾说过，每一棵唐诗的桃花树下都藏着一个女孩子——对此，我是信的。其实，岂止是唐诗，那些宋词，那些元曲，甚至于现代诗的桃树下，都有个做着春梦的女子。

家乡的桃花真多，除了长潭周边的村落，临海的桃渚古城、天台的许多村落都有成片的桃花林，临海括苍镇的桃花更多，有上万亩，满眼望去是一抹抹惊艳的粉红。当山下的桃花谢了，山上的桃花始盛开，很有层次感。胡兰成说桃花，"春事烂漫到难收难管，亦依然简静，如同我的小时候"，胡兰成连情事都爱张扬，我不相信他的少年有多简静，何况又是桃花盛开的春日。

临海有江下渚，曾遍地桃花。边上有个罐头厂，做桃子罐头。二十多年前，我就读于台州中学，每年春天，学校都会组织春游，我们的春游地，不是选在江下渚就是选在尤溪。桃花开时，我们骑着自行车喧闹着去看花。少年日子的暖与好，仿佛就在昨天。

那时候，不只我们这些读书郎，一到天气晴好的周末，满城的人也是按捺不住，呼朋引伴，赶集似的往郊外跑。老临海人对江下渚的桃花，印象都很深，他们把江下渚称为桃花岛。春天时，恋爱中的临海男女，是一定要到桃花岛走上一遭的，否则就会被女方视为缺少生活情趣。临海人过日子，还真是讲格调，那时的江下渚，很有《诗经》里描述的那种味道——桃花盛开之时，春

一树繁花

江南草木记

水涣涣的江边，青年男女于执桃花香草，一路欢笑一路春情。江下渚，在很多临海人的记忆里，是青春年华里触摸得到的甜美。后来，江下渚的桃花被悉数砍掉，罐头厂也倒闭了，那些面容姣好的女工，亦不知所终。现在，春分时节一到，临海人不再去江下渚，而是扎堆去括苍山下赏桃花。但说起江下渚的桃花，临海人还是有些感慨的。

赏梨花宜雨后，梨花带雨，是别样的美，而赏桃花，最宜在天气晴好时，一场春雨，桃花的花瓣会全部凋落，如下过一场红雨。桃花是最经不起风吹雨打的那种，难怪人们会说桃花薄命了。

台州有几处与桃花有关的地名，如桃花溪、桃花源。桃花溪在黄岩九峰山上。六条溪涧从峰岭间奔流而下，其中一溪就叫桃花溪，黄岩籍书画家柯璜曾在此题联"潭水不逢洗耳客，桃花长笑问津人"。柯璜名士风流，与齐白石合作扇面，齐画扇面，柯题字，称"二璜唱双簧"。时人有"南吴（吴昌硕）北齐（齐白石）西柯（柯璜定居山西）"之说，柯璜曾为书画大家石鲁治印多枚，柯璜去世后，为纪念知音，石鲁效仿伯牙碎琴之举，不再钤印，而代之以画印。

在中国的赏桃胜地中，最有人文味道的，恐怕就是天台的桃花源，中国四大人神恋传说之一的"刘阮遇仙"就发生在这里。大凡明清的才子佳人艳情小说，都会提到这个传说。《红楼梦》

里也有提到，就连神怪小说《西游记》中也有，这天上人间的爱恋，风流浪漫，让人念念不忘。桃花源里有桃花坞，桃花坞之名是宋时天台县令郑至道起的。郑县令真是风雅之人，春日里，他曾多次寻访传说中的刘阮遇仙处，见桃源仅剩几株桃花，就捐出自己的工资，买了桃树苗，令人遍植桃树，他在《刘阮洞记》中记道："洞之东有坞，植桃数畦，花光射目，落英缤纷，点缀芳草，流红缥缈，随水而下。此昔人食桃轻举之地也，遂名之曰'桃花坞'"。

明代台州的人文地理学家王士性，也是个很有生活情趣的学者。他探访桃源还不过瘾，索性在此地种下千株桃树，他甚至在桃源坑口离别岩下，凿石通道，构筑一室，匾题"俪仙"。种下千棵桃树还不够，他又种了十畦茶树，购了二十亩的山田，俨然把桃源当成退隐养老之地。

前人栽下了那么多桃树，但是现在的桃源，并没有成片的桃林，我几次去桃源，只有寥寥几株桃树，寂寞地开在春风中。不知是因为山路陡峭之故，还是别的原因。犹记得宋时诗人石曼卿，他在做海州通判时，想在山岭上遍植桃花，只是山岭高峻，植树不易。他想了个法子，让人用黄泥巴裹着桃核，一个个往山岭上扔。路险人走不到的地方，就用弹弓远播桃核。如此这般，几年过去，桃花满山开，灿然如云霞。真的是遍地桃花，遍地风流。隐居山中的宋代诗人邹登龙说，为梅树修剪枝条、斫山藤被菊篱、柏子香中读《周易》、以荷花的清露研墨写唐诗，是人生最雅的四件事。我觉得，还可以加上这一件。

一树繁花

玉兰花

今年的春天好像来得格外早，二月底，市府大道的玉兰就开花了。往年，玉兰一般都要到惊蛰节气才开的。

这是早春最美的花树。初春的花大多娇弱，不过，玉兰花却给人春天踏实来临的感觉。它是那种先声夺人的花，初春，偶有料峭的春寒，它就抢先开了。玉兰花在高高的枝头上，开得那般神采飞扬，让人精神为之一振。玉兰花的白，是那种象牙的白，不是拒人千里之外的冷，反而有微微的暖意。玉兰花的俗称是望春花，看到玉兰花，我知道，春天已经踏实来了。

上海人把玉兰花叫成白玉兰，认为它就像好人家的女儿，是种心气儿极高的花。它先是结了暗褐色的毛茸茸的花蕾，不动声色，好像等着一个知它的人来参悟。然后，一点点地打开花苞，如女孩遇到了懂她怜她的知心爱人，心事无拘无束袒露着。

台州春天的花树里，还有一种花也叫玉兰，那是广玉兰，样子大气磅礴，树很高，树干笔直，叶子肥厚墨绿，花朵硕大洁白，高高地开着，精气神健旺，似有侠气。不过，我还是偏爱玉兰花，心无城府的样子，像邻家小妹，家常亲切。

前些年，我带着一帮小记者在市民广场的河边种下成排的玉兰花和樱花，一到春天，我就惦记着它们，时常过去看看。雨水节气，樱花才长出小小的芽苞，如婴儿的乳牙，而大朵大朵的玉兰花却开了。

临海、黄岩都是开满玉兰花的老城，街角屋边，随处可见玉兰花。玉兰植于庭院，取其"金玉满堂"之意。一株玉兰树可以开花数百朵，一路的玉兰开出成千上万朵的花。临海的巾山路，一到春分，满街玉兰花，竞相开放，像白云雪涛，如云蒸霞蔚，说开就开，没有一点曲折迂回，可以开到《红楼梦》里贾母害怕为"花妖"的程度。路上的喧闹人群和车水马龙，它们浑然不顾，它们自管自地开着花，自管自地展示着自己的美色。临海的朋友，一到玉兰花开，就会告知我花讯，每每听到花讯，我的心便痒痒的，捡个晴好的周末，驱车从椒江直扑临海——说白了，台州并不是那种风情万种的城市，但玉兰花开时，这里是不缺风情的。因了玉兰花，临海的巾山路，被爱花的我封为台州最浪漫的街道。

一树繁花

　　都说红花需要绿叶衬。看到满树玉兰花，你会知道，美丽有时是不需要衬托的。满枝满丫的花，没有一片绿叶，却开得如此的自信热烈，如大方而又充满激情的女子。戴望舒在《雨巷》中写道："撑着油纸伞，独自／彷徨在悠长，悠长／又寂寥的雨巷／我希望逢着／一个丁香一样的／结着愁怨的姑娘。"如果当年他到临海，看到雨巷中的玉兰花，他一定会写："撑着油纸伞，独自／彷徨在悠长，悠长／又寂寥的雨巷／我希望逢着／一个像玉兰花一样的／无拘无束的姑娘。""结着愁怨"的姑娘只合远观，或者入诗，当情人也许合适。找相濡以沫的爱人，还是玉兰花一般的女子好。玉兰花的别名是木兰，林语堂《京华烟云》中那爽朗、率真、豁达、识情识趣的女子，就叫姚木兰。在林语堂心中，美貌与才情皆俱的木兰，是他心目中最为完美的女性形象。林语堂曾说："若为女儿身，必为木兰矣。"

　　玉兰花的花蕾是一味中药，叫辛夷。李时珍说："夷者黄也，其苞初生如荑而味辛也。"辛夷性温，味薄质轻，可治疗感冒鼻塞。除了玉兰花的花蕾叫辛夷外，还有一种木兰科植物就叫辛夷花，也就是俗称的紫玉兰花。白居易任杭州刺史时，游灵隐寺，见寺中紫玉兰在阳光下开得正好，写了一首调侃的诗《题灵隐寺红辛夷花戏酬光上人》："紫粉笔含尖火焰，红胭脂染小莲花。芳情香思知多少，恼得山僧悔出家。"说辛夷花这般的美丽，粉红娇嫩，好像少女脸上的胭脂，撩拨得出家人都动了凡心。白居易也是有意思的人。

玉兰花的花瓣肥厚鲜香，可当茶饮，取花数朵、苏叶适量，用开水冲泡，可治感冒头痛。玉兰花还可入花馔，将白玉兰花瓣洗净，用湿面粉裹着它和豆沙入油锅煎炸后，是一道香嫩脆甜的美食点心，上海人称之为"玉兰片"。上海女人，作是作了些，不过很会过日子，她们能把柴米油盐的生活，过出风花雪月的味道，这一点最为我称道。我还喝过白玉兰粥，以粳米煮粥，加入玉兰花瓣、山楂、蜂蜜，喝一口，酸酸甜甜，据说有轻身明目之效。

我在临海生活过十年，很喜欢临海，不仅因为它是国家级的历史文化名城，是一座温暖而有人情味的城市，还因为这满城的玉兰花。那时年轻，每到春天，玉兰花开时，我爱骑着自行车穿行在玉兰树下，一抬眼，就是满树白色的玉兰花，再骑一段路，还是玉兰花，不过，已变成紫色，一颗心因了玉兰花，变得温柔起来，春暖花开，就在眼前，阳光正好，青春正好，是伊壁鸠鲁说的"肉体无痛苦，灵魂无纷扰"的那种幸福。而今天，我走在玉兰花下，时光已过去了二十年。二十年时光，心境已大同，但是，我想说的还是同一句话，对于一个女人而言，浸染了花香的人生真是美好啊。

记住美国作家卡森的话吧：你可知道爱应该怎么开始吗？一棵树。一块岩石。一朵云。

一树繁花

白兰花

在北方人的心目中，夏日江南的经典镜头应该是这样的：清晨，铺着青石板的小巷里，行走着穿着蓝印花布的江南女子，吴侬软语从小巷里响起："栀子花白兰花哎……"这样的时光，是有的，不过已经隔了很久，如今只存在于泛黄的纸卷里，在黑白的电影画报上。

白兰花清清白白，素净雅致，像读书人家的女儿，充满了清风流云般的韵致，这一点最为我称道。盛夏有着浓烈的气息，开的都是芬芳四溢的花。这些香花，偏又是单纯简单的白，如栀子花、茉莉、白玉兰，它们在暗夜里绽放，香气扑鼻。栀子花、白兰花和茉莉花是夏日三香，亦是江南女子的心头之爱。我以为，要是没有白兰

花、茉莉花、栀子花，江南的夏日风情定是要打些折扣的。

清明前后，花鸟市场和苗圃里，有整株的白兰花树卖，一米多高的树苗，也就二三十元，便宜得很。我有次到乡下采访，正赶上集市，看到有农民蹲在地上，抽着烟在卖白兰花树，一时兴起，买了一株，连着一大坨土，兴高采烈地搬回家。白兰花种在家里最大的那个花盆中，不需要怎么打理，每年夏至前后，它就一朵接一朵地开花，以芳香回报我的养育之情。

旧时台州人家，只要有院子的，多半种有白兰花。白兰花含苞待放时，玲珑细巧的身段，犹如毛笔的笔锋，尖尖地立于绿叶之上，那紧裹着的花瓣，把心香深藏，绝不外露。破蕾而出时，花瓣微微绽放，含蓄优雅，如穿一袭白衣的古典仕女，香味由淡至浓散发出来，然后一点点全面开放，直至露出里面的花蕊——好像风起时女儿家被吹散开的裙裾。白兰花的香味，较茉莉花浓，还有一丝甜味。

汪曾祺在《昆明的雨》中写道："雨季的花是缅桂花。"那时就想，缅桂花八成是桂花吧，后来到云南转了一圈，才知道，缅桂花就是白兰花。在四川，它叫黄桷兰，我觉得不如白兰花雅致。毕竟江南人家，起个名，也是那么考究。

以前住在临海，夏天时，新华书店门口常有妇人卖白兰花、茉莉花的，一朵朵的白兰花放在竹笼上，三朵两朵串在一起，而茉莉花常被串成花环、手环。每次，我从书店出来，总会买上一串白兰花，挂在衣襟上，直到花瓣被摩挲出铁锈的颜色才摘下。

喝过各种花茶，有茉莉花茶、桂花茶，也喝过白兰花熏制的花茶。白兰花茶墨绿润泽，香气鲜浓，有黄绿明亮的汤色。喝花茶的好处，不仅在于茶中的花味，而且在于让你感怀季节，比如喝到桂花茶，会想到秋天的丰盈，喝到白兰花茶，会想到夏天的热辣。

老父很喜欢种花，他的阳台上也有白兰花，种得比我好，开出的花也比我多，这不免让他得意。他种的白兰花，一个夏季会开出上百朵的花，还会从夏季开到秋季，一茬接一茬地开。每次回家，他都会提前烧好我最爱的红烧鲫鱼，等我进了家门，他会去阳台摘几朵白兰花给我，说些花事还有些别的杂七杂八的事给我听。怕白兰花开得过头，在白兰花开到六七成时，他就摘下放在托盘里，用浸了水的白纱布蒙在白兰花上，等我来了，再递给我，这样的花看上去饱满，花香也浓。他知我有夜读的习惯，有时也会直接把白玉花放在床头柜上，看书累了，我就闻一闻白兰花的香。清代诗人董思勤有诗云："小院夜深人独坐，读书灯放一枝花。"古时用油灯照明，灯花是灯芯燃烧时迸发出的花状物，而我的灯花，就是老父给我的白兰花。

栀子花

夏至，开得最闹猛的，便是栀子花了。我一向不喜欢硕大的花，连国色天香的牡丹也不入我的法眼，无他，嫌其大而无当。但栀子花是例外。

栀子花丰腴白嫩，只需一两枝，房间里就清香扑鼻。有一种单瓣的原生栀子花，极香，看上去有点孤清。这种单瓣的栀子花，山野里十分常见，爬山时，我会顺路摘几朵回来，走过的路，都带着香气。家里有一盆单瓣栀子花，养了好些年，夏天会开出五六十朵花。前一年，我出差在外半月，乏人照料，枯死了，为此心痛了好长一段时间。

比起单瓣的栀子花，复瓣的栀子花肥硕多了，它的花骨朵是青色的，花开时，是大朵的白。

楼下的院子里，有两排栀子花，夏至花开的时候，我常去摘一两朵放枕边，比薰衣草枕头的味道还要好闻。汪曾祺说栀子花的香，"香得掸都揸不开"。是的，栀子花真的香极了。汪曾祺是喜欢栀子花的：
"栀子花粗粗大大，色白，近蒂处微绿，极香，香气简直有点叫人
受不了，我的家乡人说是'碰鼻子香'。"他的文章里极少见粗口，
但他为了替栀子花出气，头一回粗声大气道："去你妈的，我就
是要这样香，香得痛痛快快，你们他妈的管得着吗！"栀子花香
得痛快，汪曾祺骂得也痛快。

　　栀子花，好像总跟青春连在一起，很多歌手都吟唱过它。刘
若英唱《后来》——"栀子花，白花瓣，落在我蓝色百褶裙上。爱
你，你轻声说。我低下头，闻见一阵芬芳"，爱情来临，如栀子花
开放，因为年轻，难免任性，让心爱的人受伤，"后来，我总算学
会了如何去爱，可惜你早已远去消失在人海"，没有结局的爱情，
总是让人怀想。何炅的《栀子花开》也是这个调调："栀子花开
如此可爱，挥挥手告别欢乐和无奈，光阴好像流水飞快，日日夜
夜将我们的青春灌溉。"年轻时，有大把的青春可以挥霍，就算
光阴走得急，还是可以没心没肺地快乐。

　　前些年看过一部片子，是古巴的《乐满哈瓦那》，里面有一
首歌，回环往复，一咏三叹，借着栀子花表达热辣辣的情感："送
你两朵栀子花，是想告诉你，我爱你，我仰慕你。送你两朵栀子
花，还有我给你，那些热吻的温暖。"古巴，这个盛产哈瓦那雪茄
的国度，是不是同样盛开着大片的栀子花？一首《乐满哈瓦那》，
让我对这个遥远的国度充满向往。

一树繁花

栀子花开放时，声势很浩大的样子，总是一朵紧接一朵地开，青青的花萼托着雪白的花瓣，就像健康饱满、心无城府的女子。因为它开得大大咧咧，因为它的廉价、随和，还因为它的健康、放达。栀子花不太被文人喜欢，以为格调不高，就算诗词中偶有吟咏，也是叨陪末座。中国文人喜欢的花，多半雅致娇弱，如秋海棠、兰花之类，适合吐半口血，由两个丫头扶着去赏的。有一次，我在总工会边上的长椅上翻看园艺书，正好翻到栀子花这一页，长椅上还坐着一个中年人，漫不经心扫了一眼，说，噢，牛屎花——台州人是把栀子花叫成牛屎花的。

栀子花初开时丰腴白嫩，开些时日后会慢慢变黄，简直是人老花黄，但结的果实可以做黄色的染料。栀子花的果实像小酒杯，而古代有一种盛酒的器具就叫卮，栀子花故得名。《史记》中就有"千亩卮茜，千畦姜韭，此其人皆与千户侯等"句，说种下千亩栀子花，就可以变得像千户侯一般富有了。日本平安时代的《源氏物语》中，也写道："用栀果所染成的浓黄色袖口，非常美丽耀眼。"

栀子花亦可食，《广群芳谱》中就提到好几种食法：选大花复瓣的栀子花，"梅酱糖蜜制之，可做羹果"；还可用调过味的面糊油炸；省力些，在熬好的红豆百合糯米粥里，加入一两朵的栀子花瓣，再加白糖调味，就成了活色生香的栀子花红豆百合糯米粥，不但视觉上得到享受，味蕾也得到充分满足。

　　日本人是非常喜欢食花的，自然不会放过栀子花，食花瓣还不够，他们将栀子花的果实研碎与米饭同煮，煮好的饭是鲜艳的明黄，真是秀色可餐。

　　古城临海有很多的玉兰花，也有很多的栀子花，巾子山东麓有贞庆堂，旧名小固岭堂，想来曾种有栀子花。清本土学者洪枰有《小固岭堂》诗："芭蕉叶大能藏日，栀子花肥或著书。"临海邓巷洪家是当时临海的名门望族，洪氏世家六代著述八十八部，近七百卷，称得上著作等身。喜欢洪氏，不仅因为他们的学识，其实，有这么一句——"栀子花肥或著书"，就够了。

一树繁花

海棠花

我是先吃到海棠果，才知道西府海棠的。海棠果是西府海棠结的果实，如山楂大小，玲珑精致，颇堪赏玩，咬一口，酸甜香脆。冬天里冻得坚实通红的海棠果，让人想起一个词：海棠红。

海棠有木本和草本两本，中国古代的植物书《群芳谱》，把木本海棠分为四品——贴梗海棠、木瓜海棠、西府海棠和垂丝海棠。此四种海棠中，贴梗海棠红得有点过火，木瓜海棠又稍逊风骚，只有西府海棠和垂丝海棠，符合我心中"花中女神"的形象。

西府海棠是那种花朵繁盛的花树，花未开时红色，开后渐变粉红色，号称"花中神仙"。西府海棠开的是小花，但三五成群，聚成一簇，白里透红，缀满枝头，这种秀丽干净的花色，一如美人腮上匀开的胭脂。张爱玲有人生三恨：一恨鲫鱼多刺；二恨海棠花无香；三恨《红楼梦》未完。实则不然，这西府海棠就有清冽的香气，只不过香味颇淡，张大小姐未尝得闻。

台州之地多垂丝海棠,市民广场和中心大道就种了好多。宋代的《嘉定赤城志》是本很有意思的书,比现在正儿八经的《临海县志》有意思多了,得空时,我常翻阅,书中写到台州常见的几种海棠——海棠"红色,以木瓜头接之,则色白。又有二种,曰黄海棠,曰垂丝海棠,垂丝淡红而枝下向"。垂丝海棠的花骨朵,像是爱娇女子嘟着的红唇,老派文人鹤西写海棠树的花骨朵:"如果真有人说话像口吐莲花,则这一树的花苞就像是无穷美意,欲说还止了。"几场春雨过后,海棠花越发红艳,如粉脸上的一点胭脂红,有一点娇媚,有一点微醺,让人爱煞,简直就是春色里最风流的颜色。

春分时节,春色比酒还浓。踏青路上,海棠花挨挨挤挤争相绽放着。我很喜欢这种花,开得繁盛,却很安静,一点也不闹腾。就像朱自清写的,"海棠的花繁得好,也淡得好;艳极了,却没有一丝荡意。疏疏的高干子,英气隐隐逼人"。大凡繁花,开得都有几分妖娆,但是海棠,花一朵接一朵开,却清丽得很,像精心打扮过的女子,妆容精致而干净。我喜欢海棠的这种清丽。难得

一树繁花

的是,海棠花还有英气,它英姿勃发的样子,让人看了精神为之一振。明末秦淮名妓董小宛取秋海棠花制成秋海棠露,深得冒辟疆的赞许,说海棠本无香味,唯小宛做的这个花露有色有香。

野地里随意长着的海棠花,心无城府地开着,透着一派自由洒脱的味儿。徐霞客对行游途中的海棠花树印象很深。《徐霞客游记》开篇就写到天台山,徐霞客一生三游天台山,都是在春光大好的时节,看到岭角遍开鲜花,岭上水瀑曲折而下,寺周巨杉丛立,春鸟鸣叫,人入其中,如入春之花园,而海棠紫荆,红红紫紫的开放,一路游来,心情大快。他在《游天台山日记》中写寒

岩路上所见："一带峭壁巉崖，草木盘垂其上，内多海棠紫荆，映荫溪色。"徐霞客走过的这条道，就在婆家不远处，我走过很多回，春天走过，夏天走过，秋天冬天也走过，这里春有海棠，夏有紫薇，秋有芦苇，冬有梅花，花开四季，传递的是一阵一阵的山野气息，像微风掠过心头。

画家喜欢画海棠，大约是讨口彩，海棠的棠与"堂"字谐音，与桂花、玉兰相配，有"玉堂富贵"之意，而文人笔下的海棠花，常与浓睡、残酒连在一起，像一个怀有隐秘心事的女子，酒后初醒，云鬟微散，粉腮带红。睡莲一到晚上，也是困倦不过的样子，花全闭合了，但它似乎很少得到文人爱怜，不像海棠花，大大小小的文人都愿意为它着墨。赞美海棠的，多半是风月场上的老手。唐明皇登香亭，召杨贵妃。贵妃酒醉未醒，侍儿扶掖而至。杨贵妃醉颜残妆，鬟乱钗横，不能再拜。唐明皇笑其醉态说："岂妃子醉，直海棠睡未足耳。"风流皇帝把爱妃的醉态比作海棠花，这就是"海棠春睡"典故的由来。苏轼是极喜欢海棠的："只恐夜深花睡去，故烧高烛照红妆"——夜深人静时，还要端详它的娇容，与之共度良宵。李清照在《如梦令》中也醉吟："昨夜雨疏风骤。浓睡不消残酒。试问卷帘人，却道海棠依旧。"宋人周紫芝说海棠："春似酒杯浓，醉得海棠无力。"如此说来，海棠花不醉也得醉了。

除了木本海棠，还有种草本的海棠——秋海棠，虽然它跟木本海棠八竿子也打不着,但也叫海棠的名,我觉得此花再是寻常不过,《花镜》却称它为"秋色中第一"。鲁迅在文中写过两位特别的才子:"一位是愿天下的人都死掉,只剩下他自己和一个好看的姑娘,还有一个卖大饼的;另一位是愿秋天薄暮,吐半口血,两个侍儿扶着,恹恹的到阶前去看秋海棠。"由侍儿扶着,去看海棠花,是旧时文人的风雅之事。就好像中世纪的贵妇人,不晕倒就不能显示自己的高贵和娇弱一样。呵呵,这些旧时代的文人,也实在太会作了,简直就是一群"作男"。

江南草木记

《红楼梦》里,探春忽然雅兴大发,写信给宝玉提议结社作诗。恰好贾芸孝敬宝玉两盆珍贵的白海棠,他们便借此成立了海棠诗社。诗社的第一次活动就是咏白海棠。此等风雅才女,纵然使些小性子,也是可爱的。

日本作家川端康成,我很喜欢他的作品,少年时就看过他的《雪国》《伊豆的舞女》。他的文字,总是在繁华中透出几分幽暗与淡雅,他在《花未眠》中写海棠花:"昨日一来到热海的旅馆,旅馆的人拿来了与壁龛里的花不同的海棠花。我太劳顿,早早就入睡了。凌晨四点醒来,发现海棠花未眠。"他在《花未眠》中还写道:倘若一朵鲜花是美丽的,我当善待此生。

川端康成是个耽于生活美的人,这种日常生活的趣味,他视之为"物趣",但他的心中一直充盈着令人窒息的忧郁。晚年的他爱上一个花匠的女儿，并为着她的离开，口含煤气管自杀。他到底忘了他曾经说过的话——倘若一朵鲜花是美丽的，我当善待此生。

一树繁花

紫薇

紫薇出场的时候,夏天的气息已经相当浓烈了。

紫薇开花是一树一树的,又缤纷又绮丽,甚是明艳。汪曾祺形容它的花:"花瓣皱缩,瓣边还有很多不规则的缺刻,所以根本分不清它是几瓣,只是碎碎叨叨的一球,当中还射出许多花须、花蕊。一个枝子上有很多朵花。一棵树上有数不清的枝子。真是乱。"花是碎碎叨叨的,而且是一球一球的,观察得真是细致入微。汪老是知情识趣的文人,真正的暖男,粗枝大叶的糙老爷们断然写不出这等温情的句子。

说是紫薇,其实花不只紫色一种,还有白色、红色等,开白花的叫银薇,开红花的叫赤薇,蓝中带紫的叫翠薇,不过以紫色为正,故统称紫

薇。紫薇的花喜兴，花期也长，从夏开到秋，中间跨了好几个节气，谁说花无百日红，紫薇就破了这个例，所以它有个别名就叫百日红。这名字俗是俗了些，不过倒是直白，简直可以拿来当艺名。

在中国古代，植物常被上升到人格高度，被赋予不同的道德品格。梅先孤芳，松柏后凋，兰有国香，菊有晚节，而紫薇花跟官场脱不了干系，是代表官运亨通、出人头地的花，如此说来，跟"气节"二字是挂不上钩了。

紫薇花亦作紫薇郎。听这名字，就知道来头不小。紫薇郎是唐代的官名，即中书侍郎。唐中书省是皇帝起草诏书号令的部门，曾遍植紫薇。白居易有诗云："独坐黄昏谁是伴？紫薇花对紫薇郎。"此时的他从江州司马任上被唐宪宗召回长安，委以中书侍郎——紫薇郎，相当于副国级领导，成了皇帝身边的红人，仕途得意，看花亦顺眼。第二年，白居易到杭州当了刺史，就任杭州市长期间，他亦有一诗："紫薇花对紫薇翁，名目虽同貌不同。独占芳菲当夏景，不将颜色托春风。"才一年工夫，白居易的自称就从紫薇郎变成紫薇翁，可见心境已较去年不同。

李白有一首《琼台》诗，琼台在天台的桐柏山百丈坑中，诗云："龙楼凤阙不肯住，飞腾直欲天台去。"李白也算是见过世面的人，龙楼凤阙都不想住，只想到天台看山看水，可见这里的山水不俗,诗中还有一句"明朝拂袖出紫微,壁上龙蛇空自走"。这里的紫微指的是帝王宫殿,龙蛇指的是草书笔势。

旧时还有一种玄妙古奥的算命之法,叫作紫微斗数。翻看旧书,常见神神道道的人借紫微星故弄玄虚,说些什么"老夫昨晚夜观天象,见紫微星异常,光色昏暗不明"的话,然后给人指点些迷津,真是有趣得紧。

按理,成了官样花的紫薇该端些官架子才是,就算拿腔作势也是应该的,可是紫薇一点也不矜持,它性子随和,随便种在哪里,都是没心没肺的快活样子。它怕痒,如果用指甲轻轻刮光滑的枝干,它便像怕痒的女子被人呵了笑穴,笑得花枝乱颤,《广群芳谱》中说:"每微风至,夭娇颤动,舞燕惊鸿,未足为喻。唐时省中多植此花,取其耐久,且烂漫可爱也。""夭娇颤动",有种娇滴滴的小清新味道,像不谙世事的少女,烂漫可爱。某年带孩子回天台,乡间有不少紫薇树,我告诉孩子,这紫薇又叫痒痒树,臭小子一听来劲了,孩子气大发,一路走一路不停地搔着紫薇。

我家阳台,有一株矮壮的紫薇,为同事老方所赠,报社有几个爱花的同事,老方是其中之一,他退休后,回乡下老家侍弄农事,栽花种草去了。知我爱花,送了盆紫薇给我。一到夏天,阳台上的紫薇,开出一树胭脂红的繁花。有时,我会搔它光滑无皮的树干，看它笑得抖抖索索，我亦笑。不是爱花人，是不知道紫薇的这个特性的。在报社工作时，一到夏天，总能收到几篇稿子，标题无一例外的是：《奇，某地发现一株怕痒的树》。我会在稿件上写上几字：一点也不奇。这类稿子多了，我有时在心里嘀咕：奇你个头啊！少见多怪！

台州城里的紫薇很多。小暑大暑节气里，太阳坦坦荡荡的当头照着，一路上都有紫薇花开。从椒江到天台的老路上，有成排的紫薇树，紫红粉白的，这一段是有声有色的旅途。紫薇开时，我不觉得路途无聊。

一树繁花

樱花

1928 年的暮春，俞平伯致信朱自清，他在信中写道："是清明罢？或是寒食？我们曾在碧桃花下发了一回呆。算来巧吧，而且稍迟了，十分春色，一半儿枝头，一半儿尘土；亦唯其如此，才见得春色之的确有十分，决非九分九，俯视之间我们的神气尽被花气所夺却了。"

四月，樱花盛放，天地间的确是十分春色。

我喜欢的花很多，樱花不是我的最爱，但种在我的楼下，让我不能忽视她。

楼下的空地上，有两株玉兰、五株樱花，还有四五株木槿花。花树中，最早开花的是玉兰，惊蛰时就开了，这时的樱花树还是光秃秃的，枝头上只爆出米粒大小的芽苞。等玉兰花凋谢，樱花那米粒大小的芽苞，变成耳环大小的蓓蕾。这时起，我就巴巴地等着它开花。

清明前几日，樱花树上，先是一朵两朵的蓓

蕾绽开,好像在探探春光的路,没几天,满树的樱花开了,园子里一下子就亮堂起来,日本作家渡边淳一说樱花盛放,"像着了火似的拼命开"——樱花真是十分任性的花。花开时,饱满细致的花朵,层层叠叠,占满枝头,花瓣薄透而轻盈。天气晴好时,我拿本闲书,坐在樱花树下的长凳上,看看书,发发呆,在俞平伯说的"决非九分九"的春光里走点神。暖风吹过树梢,一些沉淀已久的往事,会从心底悄无声息地涌上来。"谁道闲情抛掷久,每到春来,惆怅还似旧。"人生中的一些旧事,仿佛岁月的沉香屑,原以为被时间的灰烬掩埋,其实,还是有迹可循的。

市政广场边上有好多株海棠花树和樱花树,到大楼开完会,如果有点时间,我会到樱花树下转一转。这里的樱花以白色的居多,风起时,白色的樱花纷纷飘落,恍若花雨,日本人称之为"风吹雪",光听这名字,就让人心醉神迷到茫然。樱花是让人怀想的花,花开得尽兴,飘落得也迅疾,就好像一段来不及变坏就消失的情感,留下的是一生的回想。当断则断胜过拖泥带水,当心头的朱砂痣变成下巴上的馍米粒,那才是最不堪的。如果有种爱注定修不成正果,不如转身得利落点,至少,这决绝告别的姿势,还是漂亮的。

提到樱花,不能不说到日本。日本的樱花是从中国传过去的,却成为日本的国花。日语有"樱花七日",就是说,一朵樱花从开放到凋谢大约为七天,春日里的樱花边开边落,一地缤纷。

日本人喜爱樱花，不仅是因为它的妩媚娇艳，更重要的是它坦然奔赴死亡的悲壮——在日语里，樱花的寓意就是"殉青春"。日本人认为，樱花最美的时候，就是花朵离开树枝落地的那一瞬间。对这个东瀛之国，我的感情十分复杂，一方面耿耿于怀的是那些面目可憎的人和事，另一方面，那些精致、唯美的物件，很符合我的审美情趣。日本人的唯美，连厕所都不放过，他们的厕所有个风雅的别名叫"雪隐"，就像他们把落樱称为"风吹雪"，日本人甚至把厕所这个轮回之所当成艺术殿堂，日本的美学大师谷崎润一郎就说厕所应"建造在绿叶芬芳、青苔幽香的树荫里，通过回廊走过去，一边欣赏那微微透明的纸窗的反射光线，一边耽于冥想，又可眺望窗外庭园景色，这种悠悠情趣，难于言喻"。

昨夜下了一场骤雨，春雨总是下得又急又冲，我被雨声惊醒。清明都过了，这雨还下得这么没头没脑，我担心楼下那几株樱花的命运，急急披衣下楼，果然一地落英，有如美人隔夜的残妆，清寂、委顿。生命的结局总是这样，再怎样的风华绝代，最后也要零落成泥的，只是，它坠落得太急了些。

我沉醉于樱花的美，可是又怕它决绝谢世的姿态，这是种骤开骤落的花，一夜之间，它会孤注一掷，倾尽全力开满一树，一夜之间，又会零落成泥，它的美是销魂蚀骨的，却也是毫无节制的，它的开与谢，像极了烟花，烟花在黑暗寂寞的夜空中绽放，像是

一树繁花

夜的流苏,淋漓尽致地绽放,留给人一瞬间的惊艳,然后是一个华美的转身,永久地归于沉寂。樱花的凋零,是轻、薄、脆、弱的生命,在春日里倏然的长逝,让人想到那些消逝的好时光,伤感自是难免。

这样的花,开在四月,开在清明节气里,总觉得意味深长。

石榴花

南方的花花朵朵，总是你方唱罢我登场。五月榴花红似火，石榴花开了就是在提醒你，夏天的第一个节气来了。

把石榴花称为"榴火"，实在贴切。那大红的花朵，绵软的花瓣，一如扭秧歌时系在腰间的大红绸缎，扭着，跳着，燃烧着，燎原着，是锣鼓喧天中挥洒的热情，高调，张扬，义无反顾。满树榴花，开得如此热烈，像一把把小火炬，又像无拘无束的青春紧锣密鼓地上场，有一种红灯照眼的喧闹。法国女作家科莱特写石榴花："石榴红，欢快或伤感的玫瑰红，三四朵胭脂红，她们有着健康的颜色，让我一星期都心情舒畅。"于我，是一夏都心情舒畅。

韩愈就说过，"五月榴花照眼明"，这一"照"一"明"，有着明艳、热辣的风范，古人把五月称为榴月，也许正因为此。戴复古的《山村》中写到石榴花："山崦谁家绿树中，短墙半露石榴红。萧然门巷无人到，三两孙随白发翁。"这是幅山村风情图，绿树掩映的村舍中，红红的石榴花半露出短墙，深巷里没有外客来到，只有三两稚童跟着白发老爷爷嬉戏游玩。因为有了火红的石榴花，乡村的夏天一点也不寂寞。过去，老北京人的四合院里多种着石榴树，"天棚鱼缸石榴树，先生肥狗胖丫头"，就好像农民的"两亩地一头牛，老婆孩子热炕头"一样，这样过日子，很有满足感。

唇脂呀裙衩呀，只要跟石榴沾上边，就可以跟热辣的风情联系上。唐代有种唇脂，就叫石榴娇，想来应是大红纯正的颜色，才符合那个意气风发、万国来仪的大唐风范。唐代国公主用石榴做胭脂，是可以想得到的妖娆娇媚。我在陕西乡间看到过钟馗镇鬼的年画，丑陋异常的钟馗，穿着长袍大褂，面如锅底，虬须暴眼，狰狞可怕，手里提着一口宝剑，脚下踏着一个小鬼，鬓边却别着一朵石榴花,这反差真是大。

旧时女子穿的裙子叫石榴裙,石榴裙是大红的,因其色似石榴花,形亦似石榴花,所以叫石榴裙。我对着阳台上的石榴花一番端详,果然,石榴花的花瓣像红色的裙摆,边缘的凹凸就像是裙裾的起伏。

石榴裙跟女人有干系。梁元帝的《乌栖曲》中有"芙蓉为带石榴裙"诗句。唐人张光弼有诗云:"西楼柳风吹晚凉,石榴裙映黄金觞。"大红的裙裾翻飞着,宛若飘逸的火焰,多么的张扬明媚呀。武则天有一首诗,写于感业寺的晨钟暮鼓中,写得愁肠百结,肝肠寸断:"看朱成碧思纷纷,憔悴支离为忆君。不信比来长下泪,开箱验取石榴裙。"朱是大红色,碧是青绿色,因为思念太浓,相思泪下,以致神思恍惚,把红的看成青绿色,如果你不相信我对你的情感,就打开我的衣箱,把我的石榴裙取出来,检验一下上面的泪痕。诗中有相思,也有幽怨。唐高宗李治看到这首诗后,立马把武则天接回到身边。明代钟惺评论道:"'看朱成碧'四字本奇,然尤觉'思纷纷'三字愤乱颠倒无可奈何,老狐甚媚。"武则天的媚功真是没话说。武媚娘武媚娘,既武又媚,软硬兼施,哪个男人吃得消?

杨贵妃喜爱石榴花,亦爱着石榴裙。唐明皇宠爱杨贵妃,下令文武百官,见了贵妃一律见礼,拒不跪拜者,以欺君之罪严惩。

众臣无奈，见到杨贵妃身着石榴裙走来，纷纷下跪施礼。大臣们私下都以"拜倒在石榴裙下"之言解嘲。这以后，石榴裙成了女子的代称。

石榴多籽，是讨口彩的水果。那满室榴籽，象征着子孙满堂，旧时新嫁娘的床单、喜被中，常有"榴开百子"的图案，是让你多子多福呢。我在乡间收来的老木窗、朱红花板上，就有这样的图案。

很喜欢画家张浩的花鸟画。他画花：玉兰、清荷、梅花。画果：柿子、石榴。一树红柿叫《霜色》，累累的石榴叫《长夏》。张浩的花儿果儿，有拙朴的味，又十分清丽。那一只只石榴，让人感受到生命的丰盈。

石榴分两种：花榴与果榴。陕西临潼、云南蒙自的石榴是果榴，很是出名，个头很大，红扑扑的，一剖开，是玛瑙一样晶莹剔透的籽，白里透红，红里透亮，排列整齐，果粒带着晶莹的红，甜美多汁，吃一个就撑饱了。我在新疆的大巴扎（集市），吃过维吾尔族美女鲜榨的石榴汁，连皮带籽现榨的，甜中带酸，清凉可口，很是解渴。而本地的石榴，是花榴，花开得美，但果实不大，榴籽是青白色的，籽粒小小的，没甚吃头。入秋时，阳台上的石榴花结成果，有三五只，像个铃铛似的挂着，我摘下一只吃，酸涩得很，剩下几只，仍旧挂在枝头，成了鸟儿的口中食。

七里香

我是从席慕蓉的诗里知道七里香的。

那时,是青春最饱满的时候,第一次读席慕蓉的《七里香》,只觉得诗中一股清气,好像那种刚割过的青草的气息。因为年轻,我没能读出诗中隐含的伤感。

但从此,对七里香就格外留意起来。

不久就知道了七里香。与女友去郊游,女友指着一丛灌木对我说,喏,这就是七里香。当时有点讶异——这就是诗人笔下的七里香?未免太不起眼了。白花缀满枝头,只是那白花儿又纤小又瘦弱,弱不禁风似的。花形有点像橘花,但花瓣没有橘花厚实。定心一闻,倒是清香扑鼻,是那种令人神清气爽的味道。女友告诉我,七里香的花语是"想起初恋的她"。所有的花语,都是牵强附会的,我本应姑妄听之,但是,我对一切的花语,又愿意相信它是真的。

在诗人的笔下，七里香常被用于表达某种特定的意境，象征青春岁月里美好纯洁的情感，如此说来，七里香应该一种纯情的花。如果把七里香当成青春嘉年华的背景，那么，年少时星光下的细语、微雨中的漫步，在岁月的流沙河中随风远去的记忆，就在这一朵花、一首诗中，慢慢地从脑海深处浮起。

前些日子，整理旧东西，翻出大学时的笔记本，笔记本已发黄，翻到手抄的《七里香》："在绿树白花的篱前／曾那样轻易地挥手道别／而沧桑的二十年后／我们的魂魄却夜夜归来／微风拂过时／便化作满园的郁香。"席慕蓉以七里香为背景，追忆二十年前的青春往事，诗中隐含的是欲语还休的心事，就像陈淑桦婉转轻扬的《七里香》，带着一丝对往事的感伤。我们那个时代的含蓄，现在的年轻人觉得是"背时"，所以周杰伦一开口，便是少年人大胆直露的爱："你突然对我说七里香的名字很美，我此刻却只想亲吻你倔强的嘴。"

七里香在古时是用来防书虫的香草，沈括在《梦溪笔谈》里写道："古人藏书辟蠹用芸。芸，香草也，今人谓之'七里香'是也。叶类豌豆，作小丛生，其叶极芬香，秋间叶间微白如粉污，辟蠹殊验，南人采置席下，能去蚤虱。"古代还把校书郎称为"芸香吏"。这名字跟把中书侍郎称为"紫薇郎"一样的有味道。

七里香，相传距其七里香味仍可闻，故名为七里香。它的别

一树繁花

名还有九里香、千里香、万里香，从七里香到九里，再是千里万里，夸张得有点离谱。

七里香还有一个妙处，就是花期很长，从六月不歇气地开到十月，因为这，在城里越来越多地看到她，一棵棵七里香被修剪成齐整的小平头，像是个愣头青青涩的样子。它的浆果，初为绿色，成熟时转为红褐色，颇堪赏玩。常见顽童摘了它的果实，戏闹着，投弹用。

七里香，是被诗人和歌手反复歌唱的，除了诗集、歌名，七里香还是一种小香猪的名字。一个朋友，刚从台湾回来，说台湾有种小吃就叫七里香，我说，那一定做得很雅致，她促狭一笑，说，就是"卤水鸡屁股"。我们大笑。

我有一个朋友——是年少时一起读着席慕蓉的《七里香》的那种老友，她有个院子，把七里香当作绿篱栽植。她说，现在已经完全读懂这首诗了。只是岁月已不可回头，就算读懂了，还不是一声轻叹？想起当年的她，在校园里与心爱的他一起朗诵席慕蓉的《一棵开花的树》："如何让你遇见我／在我最美丽的时刻／为这／我已在佛前／求了五百年／求他让我们结一段尘缘／佛于是把我化作一棵树／长在你必经的路旁／阳光下慎重地开满了花／朵朵都是我前世的盼望。"她与他是有情人，然终究未能成眷属。初恋于她，就像七里香，只留下淡远的香味。

　　我和她坐在院落里的摇椅上，泡一杯茶，有一搭没一搭地扯着闲话，偶然地，也扯到她的那个他，七里香也在风中把头一点一点的。想起华兹华斯的诗："最微小的花朵对于我，能激起非泪水所能表现的深思。"

　　我很喜欢七里香，它的香味持久、悠长、幽深。这种感觉如怀人，人生之中，再怎么洒脱，总有些东西是你割舍不下的。

一树繁花

合欢花

我无法抗拒合欢花的美。

小满节气里,空气中透出的是初夏的气息。合欢树开花了,它的艺术气质是那么浓郁,看着看着,心底就起了微澜。

最早知道合欢花,是在大学里,读了宁夏作家张贤亮的伤痕小说《绿化树》,女主人公的名字就叫马缨花,马缨花即为合欢花,合欢花如马额垂悬的红缨,故西部民间俗称"马缨花"。《绿化树》中的女主人公马缨花,帮助因诗获罪的"右派"章永璘,将他从苦难中解救出来,并使他成为一个真正的男人。从那时起,我知道合

欢树是跟爱情有关的树。大前年到宁夏西海固，终于看到了西部大地上的马缨花，叶子一如南方的合欢树一般清丽，但树干比南方的合欢树要瘦削，显得沉默而内敛，像沉默寡言的男子。不似南方的合欢树，像个娇俏的女子，时时处处透着一股活泼劲儿。

是的，南方的合欢树又活泼又娇俏，因为空气湿润，水分充足，叶子水灵灵的，像含羞草。开出的花，一如细羽，伸长着，颜色是娇美的粉红，看上去，有种轻盈的妩媚。面对这样一棵开花的树，犹如一个男子面对风情万千的女子，定力再好，心终究还是有一丝乱的。

北美大地也有合欢树，高大葳蕤，那年到夏威夷，那里的海浪、沙滩、彩虹、花树，给我留下极深的印象。夏威夷的花树真多，什么鸡蛋花树，什么凤凰木，还有就是合欢树。夏威夷几乎每天都会下阵雨，有时，散着步，无来由地就下起雨来，我常背靠着巨大的合欢树，在繁密的枝叶下，躲避突如其来的阵雨。雨过后，城市的上空，便会出现一道道的彩虹。我没有想到，夏威夷的彩虹如此之多，更没有想到，在中国南方到处可见的合欢树，在北美的大地上，也是如此生机盎然，甚至可以说，它比我家乡的合欢树，还要高大，还要宽阔，枝叶亭亭如盖，犹如南方巨大的榕树。

娘家的楼下，有一株合欢树，每次回娘家，我都喜欢站在阳台上，向楼下那株高大的合欢树挥手致意。春夏时的合欢树，花

一树繁花

叶清奇，别有风姿。深秋时，合欢树的叶子开始凋零，好像为伊消得人憔悴。到了冬天，它结出像豆角一样的果子，叶子落尽后，肃立在风中，看上去简直就是情到深处人孤独。

外国人不像中国人一样，赋予花草那么多精神层面的东西。中国人喜欢合欢树，不仅因为它的名字讨喜，还因为它的羽叶暮合晨开，聚散得时，所以将其称为合欢树，而它的花瓣如丝，一蒂所出，每丝每缕，犹如两情相悦的情人，彼此间是深深的牵挂，故被称为"同心花"。

李渔甚是喜欢合欢树，他在《闲情偶寄》中说："此树朝开暮合，每至黄昏，枝叶互相交结，是名'合欢'。"这话说得还像一回事，可是写着写着，李渔就笔下跑马了："凡植此树，不宜出之庭外，深闺曲房是其所也……常以男女同浴之水，隔一宿而浇其根，则花之芳妍，较常加倍。"——说男女鸳鸯浴后，过一晚，把洗澡水浇在合欢花的树根上，花会开得更娇艳。李渔也知道这话说得有点不靠谱，索性再补充一句："此予既验之法，以无心偶试而得。如其不信，请同觅二本，一植庭外，一植闺中，一浇肥水，一浇浴汤，验其孰盛孰衰，即知予言谬不谬矣。"作家车前子对此大不以为然，他调侃道，"合欢"还有一名叫"马缨花"，若按照李渔的思路，我们从"马缨"上生发开来，给它架上马鞍套上马车挂上马刀提上马灯钉上马蹄铁，或者给它穿上马褂马裤马靴，又时不时地给它个回马枪，大概也能"则花之芳妍，较常加倍"也。

合欢花白天张开着,一到晚上却闭拢了,似意犹未尽的爱情,才下眉头却上心头。有人说,合欢树的花跟名一样,叶叶心心都关情,带点情色的味道。哼哼,就算合欢花是情色的,与肉欲有关,又有何妨?香港女作家李碧华就说过:"快乐美满的生活是七成饱,三分醉,十足收成,过上等生活,付中等劳力,享下等情欲。"形而上的精神恋爱,到底不如灵肉一致的爱情更痛快。

我喜欢合欢树的另一个原因,是因为我相信古人的话:合欢树能给人带来快乐如意,并且让人忘却忧伤。竹林七贤之一的嵇康极爱合欢树,宅舍前遍植合欢树,常与友人纵酒吟诗树下,一解心中不平之气。一生耽于声色犬马的李渔也说过,大凡见了合欢花,哪怕有再大的苦痛,"无不解愠承欢,破涕为笑"。这跟爱情没什么关系,爱情常使人忧伤,索性放下这份情,或许会更达观自在。

合欢花可以酿酒,有安神养胃之功效,《红楼梦》第三十八回有这样一个情节:弱不禁风的林黛玉吃了一些螃蟹,因螃蟹性寒,黛玉食后觉得心口微痛,需要喝口烧酒。宝玉便令丫鬟将那"合欢花浸的烧酒烫一壶"来给黛玉喝。《神农本草》说,合欢酒"安五脏,和心志,令人欢乐无忧"。我寻思,今年小满节气,合欢花开时,我是不是也摘一些合欢花,酿一坛合欢酒呢?

夹竹桃

都八月末了，夹竹桃开得还是那么张扬，道路两旁，夹竹桃到处都是，枝叶是繁密铺展的，花朵是成簇成片的，让人想到涛起浪涌的大海，想到连绵起伏的山峦。张爱玲说过："多一点枝枝节节，就多开一点花。"这句话，好像是专为夹竹桃写的。

夹竹桃的花期长，从别名就可看出。紫薇从夏开到秋，它的别名是百日红，夹竹桃的别名则更生猛，叫半年红，分明是跟紫薇叫板！我觉得，这夹竹桃，性格中有一种豪放和大气，它如底层的市井女人，美得俗艳，美得热烈，美得不在意

人家的眼光。它从暮春开到初夏，又从初夏开到深秋，花簇若锦，长开不败，它送别了春天的杜鹃花、合欢花，夏日的晚饭花、茉莉花，又送别了秋天的桂花，青春漫长得好像没有尽头。

季羡林写过《夹竹桃》，他觉得百花之中，夹竹桃于他"是最值得留恋、最值得回忆的花。不知道由于什么缘故，也不知道从什么时候起，在我故乡的那个城市里，几乎家家都种上几盆夹竹桃，而且都摆在大门内影壁墙下，正对着大门口。客人一走进大门，扑鼻的是阵幽香，入目的是绿蜡似的叶子和红霞或白雪似的花朵，立刻就感觉到仿佛走进自己的家门口，大有宾至如归之感了"。因为这篇《夹竹桃》，季羡林先生被作家宗璞称为"夹竹桃知己"。

季羡林先生说夹竹桃有"幽香"，我从来没闻到过，我怀疑我和季先生鼻子的构造不同。

夹竹桃花似桃，叶像竹，娇艳可人，旧时女子把这种夹竹桃与发簪搭配，文人以为"娇袅可挹"。老台州人大都爱在自己的庭院中，种上几株夹竹桃，它与石榴树、桂花树、玉兰花树一起，是旧时台州人家院里的家常植物。风雅之士也认为，红花夹竹桃"豪家贵族最宜移植之"，白花夹竹桃"书斋轩前，栽植雅适"。说土豪宜种红花夹竹桃，至于文人嘛，可在书房前种白花夹竹桃。

　　其实，夹竹桃是不宜种在院子里的，因为它的枝叶有剧毒，是穿肠毒药。光从毒性讲，说花艳性毒的夹竹桃像蛇蝎美人，美丽的容颜下包藏着毒辣的心，并不为过。看过一部美国电影《白色夹竹桃》，片中的女诗人被情人抛弃后，就用自己最喜欢的夹竹桃花毒死了他。当代画家、嘉兴文人吴藕汀就说夹竹桃是"无常催命客"。"无常催命客"，这名就像滚刀肉、黄天霸、黑旋风一样，怎么看都像是武侠小说里面的狠角色，让我想起《天龙八部》的阿紫，阿紫爱极了乔峰，用尽了种种手段，想留他在身边，甚至不惜在雪地里向乔峰射出毒针。这样只进不退的爱恋，非生即死，惨烈而决绝。

　　夹竹桃虽然枝叶有毒，却是极称职的环保卫士，它能抗烟雾、抗灰尘、抗毒物，还能净化空气。长在道路两旁的夹竹桃，每天受着热浪的冲击、废气的污染，生存环境毫无诗情画意可言，简直就是恶劣，它却依然生长旺盛。它的叶片满是灰尘，看上去一副灰头土脸的样，像伙房里的粗使丫头，只要下过一场透雨，转眼间，它又变身为明艳照人的美人儿。

　　夹竹桃是一味堕胎药，孕妇煎服其叶后，可引发流产，旧时用它打胎。适量的夹竹桃是入药煎汤的好药材，能强心定喘。从这点看，夹竹桃并不是蛇蝎美人，你不去惹它，它不会来招惹你。美丽和剧毒合二为一，遥望是美丽，亲近则是伤害，这点颇似婚外之恋。

这个夏天与秋天，经常在外出差，已经错过了好多花的开放。出差一周回来，先去看了院子里的姜花和紫茉莉，正在看花时，接到朋友电话，说她出差来台州，就住在花园山庄。有朋自远方来，自是喜出望外，遂剪了院子里的两束姜花，兴冲冲带给她。同是爱花的女人，一见面，先说花事，再说家事，最后才是天下事。漫无边际闲扯了半天，道别时，看到山庄旁的几株木芙蓉开花了，就以木芙蓉为背景，合了个影。

木芙蓉出场的时候，姹紫嫣红不仅已经开遍，且大多已经谢幕。

木芙蓉平时不太起眼，枝丫长得似无章法，叶子大而无当，糙里巴叽得像是草纸，平日里看上去木讷无趣，也就是那种再普通不过的杂树。一到夏末秋初，它的好时光来了，变得容光焕发，开出满树碗口大的花，花色也多变，晨粉白、昼浅红、暮深红，姿态娇艳，宛如少女的笑脸，欢喜中带点娇羞，又似秋天眉心上的胭脂，所以

木芙蓉

江南草木记

又名"三醉芙蓉"。从毫不起眼到粉妆酡颜，好像女大十八变，木芙蓉也越变越美丽。古人形容女子漂亮，常以芙蓉形容，如"脸若芙蓉"，《西京杂记》上赞卓文君"眉色如望远山，脸际常若芙蓉"。那个写出掷地有声的《天台山赋》的东晋名士孙绰，写处女碧玉初行人事后，脸如芙蓉般的娇羞："碧玉破瓜时，郎为情颠倒。芙蓉陵霜荣，秋容故尚好。"

古人总是喜欢拿花说事，心中块垒常借着一朵花曲曲折折地表达出来，他们得意时，"一日看尽长安花"，失意时，"采菊东篱下"。如此说来，花非花，只是心情的投影。唐台州刺史李嘉祐有《秋朝木芙蓉》："水面芙蓉秋已衰，繁条偏是著花时。平明露滴垂红脸，似有朝愁暮落悲。"芙蓉上的露珠，好像早上的忧伤到晚上悲伤成泪，诗中有悲秋之意，似他被贬到台州后的悲凉心情。而一本正经的朱老夫子朱熹写起芙蓉来，却是一反常态的多情："浅红深红出短篱，望中都是可怜枝。"此时他春风得意，竹篱笆外探出深红浅红的芙蓉，看上去，都是那么可爱。

不但古板的老夫子，连高僧也被木芙蓉的美打动，明代高僧宗泐有一首《题木芙蓉》："向来桃李媚春风，霜下芙蓉醉晓红。"这个宗泐我是佩服的，他博学又坚定，非寻常人也。他受明太祖朱元璋赏识，朱元璋呼他为"泐秀才"，常召宫中谈佛学。他去西天取经后，朱元璋想谈禅，找不到人，颇觉寂寞。宗泐少有慧根，八岁时到临海天宁寺（即今龙兴寺）出家，二十岁时至杭州净慈寺。明洪武十年（1377），宗泐率徒三十余人，行走在西天取经路上，此时他已年过半百，像当年的唐僧一样，头戴竹笠，脚穿芒鞋，从杏花春雨的江南向遥远苍凉的西域出发，路途中的艰辛自不待言，一路上，除了没有美女献媚、妖精打搅，他受的苦不比唐僧少，西域的狂风一次次卷起袈裟，漫天的黄沙遮住天空，他没有退却，历时五年，"往返十有四万余程"，在天竺（印度）求得真经后回国。他把一路上的所求所闻，记录整理成《西游集》。一个脱离红尘、六根清净的高僧，写出"向来桃李媚春风，霜下芙蓉醉晓红"之句，殊为难得，在他眼里，春风中桃李的美，不及深秋时经霜的芙蓉美。他是以花来言志。

《格物丛谈》中谈到芙蓉："出于水者，谓之水芙蓉，荷花是也。出于陆者，谓之木芙蓉，此花是也。此花丛高丈余，叶大盈尺，枝干交加，冬凋夏茂，及秋半始着花，花时枝头蓓蕾，不计其数，朝开暮谢。"说芙蓉花有两种，在水中的称为荷花，在陆地上的称为木芙蓉。木芙蓉是朝开暮谢的花，因为它耐寒，不怕寒霜，有拒霜之名，文人喜欢称之为拒霜花。当秋意已深，树叶变黄凋零，只有它傲然开花。木芙蓉是有个性的花，只能长在枝丫上，我曾经剪下几枝，插到花瓶里，它一副委顿的样子，垂头丧气，不复在枝头的神采飞扬。

木芙蓉跟水芙蓉一样，都是花中的高洁之士。秋天已被陶潜的篱下菊占尽高远的格调，但木芙蓉同样有风骨。明人吕初泰

说，芙蓉襟闲，宜寒江，宜秋沼，宜微霖，宜芦花映白，宜枫叶摇
丹。在中国古代文人的审美趣味里，芙蓉临水，是美态，若有芦
花、红枫相伴，则更佳。最喜欢芙蓉花的应该是成都人吧，连整
座城都以此花来称呼，称之为蓉城。《成都记》里就记载："孟
后主于成都城上遍种芙蓉。每至秋，四十里如锦绣，高下相照，
因名锦城。"这个孟后主真是浪漫得紧。

木芙蓉的树皮纤维可以搓绳、造纸，唐代才女薛涛嫌诗笺不
够漂亮，就自己设计纸样，督导工匠用浣花溪的水、木芙蓉的皮、
芙蓉花的汁，做成雅致又美丽的薛涛笺。木芙蓉还可以做草木
染，《种艺必用》里就有这样的记载："芙蓉隔夜以靛水调纸蘸
花蕊上，以纸裹，来日开成碧色花，五色皆可染。"

如果把浪漫主义和实用主义相结合，那就拿芙蓉花做羹，
这个羹有一个很诗意的名字，叫雪霞羹，做法跟龙泉的木槿花豆
腐羹一样——采芙蓉花去心蒂，以汤焯之，同豆腐煮，红白交错，
"恍若雪霁之霞羹"，芙蓉花跟木槿花一样，不能久煮，煮得过久，
就没有那般粉嫩绯红的颜色。雪霞羹真是一道非常风花雪月的
时令小食。

除了雪霞羹，芙蓉花拿来煮粥也是不错的，有木芙蓉糯米
粥、木芙蓉百合粥，不说它有清热、凉血、排毒的功效，光听名字，
是不是就觉得颊齿留香呢？

桂花

我从一座城市奔波到另一座城市，时令已是秋天，南方的风送来一阵又一阵的桂花香。江南的秋，因了暗香浮动的桂花，显出它独特的韵味。十二世纪，金国皇帝完颜亮读到"三秋桂子，十里荷花"，对江南的富足美丽怦然心动，以致铁骑南下。这倒真应了这句话——男人雄霸天下或者归于浮屠的动机有时就是这么简单，可以源于一首美妙的诗，可以因为一双妩媚的眼，也可以因为一朵花。

秋分时节，桂花开得闹猛，走到哪里，都可以闻到桂花的香，我生活的是座阳刚豪迈的城市，一到秋天，因了桂花，倒显出几分别样的柔情。

江南之地，桂花遍地。写过"能不忆江南"的白居易曾在杭州为官，对江南景物多有赞美，他格外喜欢"山寺月中寻桂子"。杭州是座被桂香浸润着的城市，秋分时节，满城桂香，简直香到人的五脏六腑里，好像中了迷魂香，让人迷

一树繁花

迷瞪瞪的。你得承认，农历八月的花魁，就是桂花，难怪八月又叫桂月。这时节别的什么花，无论怎样争奇斗艳，风头都被桂花抢了去。桂花有金桂、银桂、丹桂和四季桂，若论香味，以金桂最为浓郁，它的香，就像那种风头最健的女子，有饱满的青春垫底，任性起来，是不管不顾的那种。有人闻了桂香会发诗兴，有人闻到桂香便会怀人，还有人，闻到桂花的甜香，竟然起了性欲。郁达夫有一篇小说《迟桂花》，里面有一句意味深长的话："因为开得迟，所以日子也经得久。"以至郁达夫结结巴巴地说："我，我闻了，似乎要起性欲冲动的样子。" 郁达夫是个情种，似乎还有点性欲亢进。

赏桂也须当时，去年秋分时节，雨水特别多，几场秋雨下来，桂花像是受了情伤似的，香味减了几分。今年秋分，天气晴好，桂花的香味，较往年浓郁。桂子开时，我正好在天台出差，周末时，一帮文友找了一处桂花园。我们在桂花树下，清谈，说笑，秋风吹过，扑簌簌飘下桂花雨，落到发上、身上，也落在茶杯里，人闲桂花落，并非妄言。有桂花落下，这清茶成了桂花茶。真个是偷闲半日，抵去十年尘梦。

桂花可酿成金黄的桂花酒，广寒宫里的吴刚捧出的就是桂花酒。还可以做成桂花露，那个风情万种的秦淮名妓董小宛就很会这一手："酿饴为露，和以盐梅。凡有色香花蕊，皆于初放时采渍之，经年香味颜色不变，红鲜如摘，而花汁融液露中，入口喷鼻,奇香异艳,非复恒有。"平常日子里的风花雪月,最能打动人。

　　每年秋天,我都会腌上几瓶糖桂花。记得第一次腌糖桂花还是少年时,以前老温岭中学有一棵很大很大的桂花树,花开时,整个校园都可以闻到它的香气,那时的我尚年少,桂花开时,常一蹦一跳去桂花树下捡拾桂花,捡满一手帕回来,用温开水洗净,在吸水的纸上摊开,再放至阴凉处晾干,然后,一层白糖一层桂花腌渍起来,月余即可食。煮银耳、莲子、八宝粥、汤圆时,撒上一小勺,别有风味——是实实在在的秋天味道。

　　国庆长假,怕人多,没出远门,便去爬家门口的白云山。从白云阁下来,绕到一家农家小院,院子里有两棵粗大的桂花树,一人还抱不过来,想来有些年头。桂花树下有一大箩筐金黄金黄的桂花。老妇人说,是刚从树上打下来的。一冲动,我把这一箩筐的桂花全买下,足有二三十斤。回家后,腌了好几大瓶的糖桂花,把家里的瓶瓶罐罐全填满了,剩下的做了桂花枕。这桂花枕真香,睡了几天,头发里满是桂花的香气。去食堂打菜,排在后面的美女问我,你是不是用了桂花味的香水,怎么那么香啊?

　　开在城里的这些花树,不仅是一棵树,还依附着我们的记忆和感情,我很赞同阿来说的这句话:当这个城市没有很多古老建筑让我们的情感来依止,多一些与这个城市相伴始终的植物也是一个可靠的途径。

一树繁花

桂花开时，秋光很美。春天容易相思，秋天容易怀人，所以文人们容易伤春悲秋，我是不会悲伤的，因为带着桂香的秋风，已经将弥漫在心间的一切轻愁吹散。有花如此，人生不应有恨。

春天的花，紧锣密鼓地开，好像一出大戏，你方唱罢我登场。

花前藤下

蔷薇

　　春天的花，紧锣密鼓地开，好像一出大戏，你方唱罢我登场。五月一到，蔷薇开始登场了。我喜欢蔷薇，不喜欢玫瑰，理由跟秘鲁诗人聂鲁达说的一样，因为玫瑰"没完没了地附丽于文学，因为它太高傲"。

　　蔷薇是我的挚爱，我要为它多费些笔墨。蔷薇看上去弱不禁风，娇娇怯怯，实际上它有着异常健旺的生命力，早春时节，剪下一枝，随便插在地上，多半能存活。蔷薇是一种对生活充满热

情的花，它的枝条恣性地蔓延开来，或沿花架向上延伸，或者攀墙而上，像热恋中的女子，只管把自己的浓情蜜意一路铺陈，一路挥洒。

台州城里，随处可见蔷薇。未开花时，它的枝叶纠结成一面绿墙，不大引人注目。暮春时节，蔷薇开花，葳蕤的藤蔓、似锦的繁花，仿佛天地同欢。蔷薇开花时，有一种野豁豁的劲头，宋人张景修为蔷薇取了个很好听的别名，叫"野客"。我就喜欢蔷薇花的这种野性，正如我喜欢那些充满生命活力的女子，蔷薇带刺，花却温柔，金刚怒目与菩萨低眉是共存的。

临海的老巷子里，很多人家都种有蔷薇。紫阳街是百年老街，有各种老店，稻香村糕饼店、王天顺马蹄酥店、蔡永利秤店等。多年前我采访过蔡永利秤店，去年我陪几位新闻界的朋友旧地重游，秤店的女掌门人认出我，送我一杆秤，祝我"称心如意"。紫阳老街，我没少去，住在临海的那些年，一得空，就会往老街跑。这里的老院子，一到暮春，就有蔷薇花探出头来。巷子里还有卖甜酒酿的小店，走得累了，可以找个小店歇歇，吃碗甜酒酿。不会喝酒的女子，吃下甜酒酿后，脸上出现的一抹粉红，浓于樱花而淡于蔷薇。我在临海度过十余年的时光，记忆里留着蔷薇的花香，还有温暖的人情。

蔷薇的名字很诗意。南唐后主李煜有两位皇后，是姐妹花，

花前藤下

大周后叫周蔷,小周后叫周薇,名字合起来就是"蔷薇",大小周后都是南方美女。周蔷早逝,李煜伤悲至极,写下长文哀悼,"执子之手,与子偕老"就出自其中。每到春天,看到蔷薇花开,这位多情的皇帝就会想起大周后。

宋代有种酒,就叫蔷薇露,不必品尝,光看名字,已经醉了。还有一种花露,叫蔷薇花露,是蔷薇花做的,做法挺简单,李渔说得明白:"富贵之家,则需花露。花露者,摘取花瓣入甑,酝酿而成者也。蔷薇最上,群花次之。然用不需多,每于盥沐之后,挹取数匙入掌,拭体拍面而匀之。"李渔真是个时尚达人,对风花雪月的事,总是观察得那么细致入微。他说,以蔷薇做的花露最是上品。以蔷薇花露做头油,在明清时代的江南地区蔚然成风。

报社大院有一面蔷薇花墙,五月一到,所有的花朵呼啦啦的,一下子喷薄而出,好比一场奋不顾身的爱情,有着孤注一掷的单纯和执着。铁围栏上,爬满了粉红的蔷薇花,这些丰盈圆满、绯红粉白的花朵,开得前赴后继,简直想要蔓延到路的尽头。蔷薇花开得那样的轰轰烈烈,那样的兴致盎然,好像是写给暮春的情书,让人不由自主被它的热情打动。这种蔷薇的名字,叫"七姊妹",像大家庭中活泼泼的姐妹花。那时我还在报社上班,蔷薇开花时,我待在单位的时间一定比平时长。英国诗人萨松说:"我心中有猛虎在细嗅蔷薇。"英雄配美人,猛虎嗅蔷薇,每一个人心里都有柔软的地方,纵是再强硬的人,内心也有盛放蔷薇的温柔时刻。离开报社有些年头了,每年蔷薇花开,经过报社的这面蔷薇花墙,有很多往事,会从心底翻腾而起。

春天里,我去花店的次数比冬天少。春二月,可以去野外剪些迎春花;春三月,则剪取桃花三两枝;四月末到五月,台州城里开满蔷薇花,这个时节,是台州一年中最好的时光,就我个人生活来说,也是如此。蔷薇开时,我把家里的瓶瓶罐罐都找上来,只插一种花——蔷薇。

年少时读过一首诗,里面有两句:"水晶帘动微风起,满架蔷薇一院香。"觉得此景甚美。那时就想,有朝一日,我有了自己的家,一定围一圈白色的栅栏,种上我钟爱的蔷薇。搬到赤龙山下后,我在自家阳台做了花坛,第一件事就是种上白色和粉红的两种蔷薇。这还不够,又在楼下墙角的空地上,种了好多株蔷薇。每年立夏前,蔷薇像接到号令一般,开得满墙缤纷。五月的微风中,无数的轻盈花瓣在阳光下轻轻颤动,深浅明暗,花影映照到人的心上。

蔷薇花开的春天,我在南方饱尝幸福。为了春天的这朵花,我要感谢生活。

花前藤下

紫藤

到了四月底，天气一天比一天暖和。一夜之间，报社大院的紫藤花爬满了花架。一串串淡紫色的花团，繁密得不得了，开得十分狂放十分无忌十分铺陈。看上去，细细碎碎，缠缠绵绵，一如她的花语：醉人的恋情，依依的思念。

打小就喜欢会攀缘的植物，像炮仗花、水君子、龙吐珠、飘香、西番莲、凌霄花、金银花等。有一年开春，到鼓浪屿，看到满墙的炮仗花如瀑布一般垂挂下来，感觉春天的到来，真的是势不可挡。攀缘的植物，大多有无拘无束的性情，花未开时，看上去低眉顺眼的，但它不开则罢，开起来，刚劲有力，有排山倒海的气势，如海浪奔涌，激情昂扬，只能用"壮观"二字形容。一廊一廊、一墙一墙的繁花，撑起南方花团锦簇的春天。

台州的长廊，种得最多的便是紫藤。一到暮春，冰凉坚硬的石柱，被紫藤花环抱，密密匝匝的，叶叠着叶，枝缠着枝，千朵万朵的紫花缭绕成一帘幽梦。长长的藤蔓，被牵引得很远很远，

像是对远方有无限的向往。紫荆、紫薇、紫藤开的都是紫色的花，紫色的花多半风流浪漫，不过，若论格调，是紫藤最好，紫荆花密密麻麻，长在光秃秃的枝条上，显得有几分土气和粗气，紫薇倒是秀气，但终不及紫藤那种直抒胸臆的大气。若论狂放，紫荆和紫薇更是比不过紫藤，紫藤开起来轰轰烈烈，不开到天昏地暗不罢休，恁的是野性十足。

紫藤花先开花后开叶，它的花蕊有点像银柳，甚是可爱，古人说它"蕊则豆花，色则茄花，紫光一庭中，穆穆闲闲，藤不追琢而体裁，花若简淡而隽永"。《花经》形容它："紫藤缘木而上，条蔓纤结，与树连理，瞻彼屈曲蜿蜒之伏，有若蛟龙出没于波涛间。"——显然这是宜入画的植物。

秋天时，紫藤结出长形的荚果来，悬挂枝间。寒风起时，叶子落尽，只剩遒劲的枝干，长廊里显得有点孤清。

花前藤下

紫藤是老些的好看，母校台州中学有一株紫藤，据说是朱自清先生种下的，有些岁数了，繁茂、雄劲，枝干有胳膊粗细，盘根错节，甚是古朴，一如这百年老校。那时我叫得出花名的植物不多，紫藤却是知道的，母校的文学社名曰紫藤，校园里有一亭，名为紫藤花亭。忆起中学时光，记忆里总是温暖而模糊的温黄，像老旧的相片、发黄的书卷。而背景，就是这大片大片的紫藤花。有这紫色的花朵打底，过往的岁月，仿佛带着诗意。

朱自清先生曾任教于台州中学，他喜欢紫藤，他给友人叶石荪写了一封信："我真爱那紫藤花！……我也曾几度在花下徘徊：那时学生都上课去了，只剩我一人。暖和的晴日，鲜艳的花色，嗡嗡的蜜蜂，酝酿着一庭的春意。我自己如浮在茫茫的春之海里，不知怎么是好！那花真好看：苍老遒劲的枝干，这么粗这么粗的枝干，宛转腾挪而上；谁知她的纤指会那样嫩，那样艳丽呢？那花真好看：一缕缕垂垂的细丝，将她们悬在那皴裂的臂上，临风婀娜，真像嘻嘻哈哈的小姑娘，真像凝妆的少妇，像两颊又像双臂，像胭脂又像粉……"

朱自清先生是"花痴"，他赞美过荷花、栀子花、紫藤花等，但他似乎更喜欢紫藤，见了紫藤花，喊出"云哟，霞哟，仙女哟"，是情不自禁地欢喜，就好像台州女子对自己粉团般的心肝宝贝，喊的是"肉肉"二字，欢喜到不知怎么表达才好，只能用这般肉麻的称呼。

江南草木记

先生说:"我不忘台州的山,台州的紫藤花,台州的春日。"说了这些,仿佛还不够,他又说:"我对于台州,永远不能忘!"爱上一座城,有时是因为一个人,有时,只因为一朵花。

日本人很喜欢紫藤花,川端康成说这种花懂得"多愁善感"。去过日本的东京、京都等地,那里的每一座庭园、寺庙,似乎都少不了一架紫藤,东京的龟户天神神社还有"紫藤花祭",四月初的东京有樱吹雪的浪漫,四月底紫藤花盛开时,人们争相去龟户天神社。龟户天神社有"东京第一赏藤胜地"之美称,这里的紫藤花从创建时就开始栽种,在江户时代就享有盛名,一长串一长串的紫色花穗从棚架垂下,宛如从天而降的紫色烟火,美艳不可方物。

除了春日里的赏花,日本人的日常生活中,处处都有紫藤花,无论是碗盏盘碟,还是家具屏风,抑或和服饰物,都能见到紫藤花的身影。他们做紫藤豆腐,将紫色的花朵嵌在雪白的豆腐中,雅致得让人不忍下箸,一道"春野花天妇罗"拼盘,有紫藤花、紫云英、紫罗兰、蒲公英、油菜花,光听名字,就风雅至极。还有那散在寿司饭中的一朵两朵的紫藤花。仿佛这还不够尽性,他们又将紫藤花酿成酒,这种酒,简直让人销魂。

阳光好的时候,我喜欢到市民广场边上的紫藤长廊小坐——繁花、浓香,有人生饱满的感觉,这样的调子,正如大提琴音的低沉温柔。午后,春光正暖,春阳下很容易困倦,想自己若能像史湘云一样,在紫藤花架下醉卧,多好。想归想,终是不敢,怕被人取笑。

南方有紫藤,北方亦多见此花,北方人拿紫藤花做成紫萝饼、紫藤糕、紫藤粥什么的。呵呵,还是我们南方人空灵,种紫藤,不为口福,只为眼福。

我种了茑萝和凌霄花。这两种花,好像攀岩高手,攀缘能力很强。

当年红拂夜奔,半夜敲李靖的门,说了这样一句话:"丝萝非独生,愿托乔木,故来奔耳。"这个有主见的女子说自己是柔软轻盈的丝萝,只有攀附在高大阳刚的乔木身上,才能活得精彩。

茑萝长得纤细小巧,《诗经》中云"茑与女萝,施于松柏",它的花开得也是十分秀气,

凌霄花

小花是五角形的。五角形的花不多见，所以我对茑萝很感兴趣。茑萝红色的小花，点缀于片片绿叶之中，缠缠绵绵，依附在铁栅栏上，让铁的坚硬，有了温暖的感觉。有次我下乡采访，见到农家院子里有茑萝，沿着细绳向上攀升了五六米，颇有点惊叹它柔弱中蕴含的坚韧。这家院子的主妇，见我喜欢茑萝，摘了它的种子送我。现在这茑萝长在我家阳台上，每年夏天都开出热烈的五角形花。

凌霄在南方畅快地生长着，它的花朵比茑萝有气势多了，藤也长得比茑萝不知壮硕多少，它的枝条形如柔蔓，花开得很是热烈，那橘红色的花朵格外惹眼，一簇簇、一团团的，像是火烧云，又像是小喇叭在吹奏夏的进行曲，风情热辣得很，简直就是跳草裙舞的热带女郎。酷热之下，别的花被晒得蔫头蔫脑、无精打采，它跟紫薇一样，越开越有精神，故被称为"盛夏双骄"。

凌霄花是一等一的攀缘好手，无论是山石、墙面，还是高树、竹篱，它会依物攀高，凌云直上，不多久，就会绿叶满架，难怪舒婷看不惯它，说它借人家的高枝炫耀自己。舒婷的《致橡树》中，她的爱情宣言就是："我如果爱你／绝不像攀缘的凌霄花／借你的高枝炫耀自己。"其实，凌霄花的别名就叫吊墙花、红花倒水莲、倒挂金钟，高攀是它的本性。不过，不是所有的凌霄花都喜欢攀高枝的，比如硬骨凌霄。舒婷后来写了一篇《硬骨凌霄》的散文，算是为凌霄正名。我在厦门见过硬骨凌霄，它的花，远

不如攀缘的那种凌霄花漂亮。

　　有一年开春，我到鼓浪屿去，凌霄花没看到，倒是岛上的炮
仗花，开成一面面的花墙，像瀑布一样垂挂下来。炮仗花金黄明
亮的颜色，让人的心一下子就热烈起来。我很喜欢炮仗花的名
字，未开花时，它像一串串的鞭炮，有藏不住的喜庆味道，比它
的俗名黄金珊瑚要直白有味。

　　凌霄花的风格跟炮仗花很相似，都是热烈的花，热烈到性子
火暴的地步。它是藤花，枝蔓间有气生根，能牢牢地附着于固状
物体上，即使狂风暴雨，也吹落不下。清人李渔对凌霄花的评价
很高，说"藤花之可敬者，莫若凌霄"。有一次，跟一位搞园林的
朋友聊天，说起小区垂直绿化，我们不约而同想到了凌霄花。我
是从审美的角度出发，他是园艺专家，说台州八九月间多台风，
而凌霄花不怕狂风，最宜用于小区绿化。他给了我几盆凌霄花小

苗，春分时，我把它移植到小区的楼下，几个月后，眼见着它攀缘到墙上，却被人当杂草拔掉。第二年，又种，又被拔。连种了五年，都被连根拔掉。无奈之下，我把凌霄花种到自家阳台上，但是阳台光照不足，这株凌霄花始终未能开花。

因为喜欢园艺，平素喜欢翻翻药书。书上说，凌霄花是入药之花，花、茎、叶、根均可入药。《神农本草经》《本草纲目》等药书记载它有行血祛瘀、凉血祛风之功能，凌霄花能治多种妇科疾患，它还有一名叫堕胎花，从名字上，就可揣测出它的功用。《嘉定赤城志》上说得玄乎，说凌霄"有毒，或凌晨仰视，花露滴目，则能丧明"。说大清早时，如果被凌霄花的露水滴到眼睛里，人就会失明。《嘉定赤城志》是本蛮靠谱的志书，不过，对这个说法，我是抱怀疑态度的。

牵牛花

依我个人的审美趣味，我更喜欢花瓣轻盈的花朵，如牵牛花。我从小就喜欢牵牛花，花色犹如美女酒过三巡的脸色，由微醺时的粉红，至酣畅淋漓时的绯红。

夏日，牵牛花顾自开着花，它那喇叭形的花朵，挤挤挨挨的，开满了整面墙壁，很是热闹。台州人把牵牛花称为"喇叭花"，是因为取其形。它还有一个诗意的名字叫朝颜——花开于晨间，开得很是欢喜，约是抵挡不住夏日阳光的灼热，到午间即蔫。次日再开花，如此这般，直

到夏末初秋。北宋哲学家邵雍有诗:"向慕非葵比,凋零在槿先。"他说,牵牛花和木槿花一样,每花只开一日,朝开而暮落,只是牵牛花凋零在木槿之前,这首诗的诗名就叫"不能留赏"——这位老夫子因不能留住它的美丽感到遗憾。

那一年到新疆,行走在万里国境线上,看到新疆大地上大片大片的野花,野郁金香、金莲花、勿忘我、蒲儿根、小金菊花、格桑花,与南方的野花大异其趣。有一天,徒步了五六十里,精疲力竭,在公路旁的加油站稍作休整时,见到墙角有很多牵牛花,枝枝蔓蔓爬满墙,喜出望外。一朵牵牛花让我想起千里之外的家,想起江南的夏天。从青海的格尔木到南疆的若羌再到伊犁,已经大半个月过去了,我已走得太远,是该回家了。

我种过牵牛花。春天时,撒些牵牛花的种子,不过一两个月,绿意便蔓延开来,牵了几根细绳,它便一路攀爬。牵牛花有长长的蔓儿,像女孩子的卷发,它不歇气地向着高处伸展着,很快,就开出一长溜的花来。牵牛花枝蔓垂落的样子,很有诗意。有一次我值夜班,凌晨四点回到家,睡意全无,到阳台上看花,诸花都在睡熟中,只有牵牛花开出一朵朵的花来。它开花这么早,难怪人家叫它"勤娘子"——我也是勤娘子呢。日本作家岛崎藤村很喜欢牵牛花,牵牛花开时,他天不亮就起来,为的就是欣赏朝颜。他写道:"不久,在红和蓝相间的底色上面,花朵儿渐渐发生了变化。先是暗蓝,进而是薄红,再为淡紫,最后那银白的花朵依稀可见了。"比观察情人的脸色还要细致些。

文人都爱牵牛花，古人就说："秋赏菊，冬扶梅，春种海棠，夏养牵牛。"司马光的独乐园内有牵牛花，丰子恺也很喜欢牵牛花，他的缘缘堂前就栽着牵牛花，还有芭蕉数株。

牵牛花在日本文学中常见。日本俳句里称牵牛花为"朝颜花"，俳圣芭蕉写道："门前的墙根开着牵牛花，锁着门。"一派闲寂悠然的心境。禅师松永贞德咏牵牛花的俳句"辰光只开一刻钟，但比千年松并无甚不同"，诗中说，牵牛花朝花夕落，但与千年不老松，没什么不同。与谢芜村有名句"牵牛花，一朵深渊色"，形容一种生死之境，意蕴无穷。这让我想起大哲王阳明，有人曾指岩中花树问他："如此花树，在深山中自开自落，于我心亦何相关？"王阳明道："你未看此花时，此花与心同归于寂；你来看此花时，则此花颜色一时明白起来，便知此花不在你的心外。"这样玄乎的一句话，很多人理解不了。等能理解时，多半已至暮年。

国人向来喜欢花大叶大且开花时间持久的花，而日本人喜欢刹那间寂灭的事物，牵牛花由此成了他们心爱的植物，日本人的院落里，牵牛花很常见，在日本京都时，我还特地以牵牛花为背景，与穿和服的两个日本女子合了影。日本人的日常生活中，充满物趣，也常有季节感和宿命感。日本近代作家石森延就说，

花前藤下

如果日本人的内心没有季节情感的涌动,那么日本的文学就会变得平淡无味,更不可能有和歌和俳句之类问世了。

牵牛花的种子叫牵牛子,名为二丑、黑丑、白丑。黑丑为黑色的牵牛子,白丑为白色的牵牛子,二丑为黑白丑的混合物。二丑、黑丑、白丑,这些名字很有意思,像戏剧里生旦净末丑中的丑角。

江南草木记

姜花是我的心头之爱，它带着浪漫、朗润的文艺情怀。绿色修长的叶，白色清香的花，一如瘦瘦的骨感女子，穿着棉质的白衣，飘逸动人。

夏天最热的时候，一大丛姜花立在角落，泛着香气，那香味有说不出的淡雅清爽。我一向觉得，像姜花这般清淡素雅的花，最宜开在院落屋角或山野溪畔，这样才合它清静淡泊的性子。没开花的时候，姜花看上去最是寻常不过，青色的穗子里，裹着几个小白花苞，甚是不起眼。开花时，花瓣娇嫩透明，好像美女吹弹得破的雪肌，叫我如何不爱她？那软而薄的三朵花瓣舒展开来，像一只蝴蝶，在风中盈盈欲飞。因了这个缘故，人们又把它叫作"蝴蝶姜"，欧美人浪漫，称它为"蝴蝶百合"，它还是古巴的国花，古巴人视之为纯朴和典雅的象征——我觉得这个拉美小国的国民，品位不俗。

姜花姿态撩人，却很东方，它的花朵，从下往上，依次开放，花与花之间，有不合群的疏离。

姜
花

姜花的花语是"一个人的爱情"。一个人的爱情是什么？是无望的暗恋？是孤独的守望？还是爱过之后的黯然分手？姜花很美，但生命短暂，从朝到暮，一天走完一生。花开时是轻盈美丽的绽放——它的花瓣真的非常轻盈和轻薄，薄到近乎透明。过了一晚，便委顿下来，花瓣无力地耷拉着，让人看着心疼。最美的东西总是消逝得最快，如青春，如红颜，如爱情，如这一朵姜花。

南方温暖湿润、水泽丰美之处，都能见到姜花。温瑞安的武侠小说《谈亭会》里，周白宇邂逅小霍，就在长满野姜花的河边，水边的姜花，似有湿润的清鲜，那种清香，是记忆中曾被爱的味道，是思念的味道，一如辛晓琪所唱："谁知道一想你 / 思念苦无药 / 无处可逃。"尽管姜花在南方很常见，不过，大部分人叫不出它的芳名，只觉得是眼熟的花，有人以为它是菖蒲，有人把它当成生姜——它的块茎跟生姜简直一样，很多人因此认为它跟生姜有瓜葛。我在楼下的空地里种姜花，小保安不识货，以为我种的是生姜，跑过来很严肃地说，小区里不能种菜。我大笑，说，这是花，不是菜。小保安被笑红了脸。

姜花是丛生的，一大丛一大丛，我种下的那株姜花，几年过去了，长得越发青葱碧绿，发得一蓬一蓬的，很是茂盛，从一株发到十来株。一到夏天，花没完没了地开，一个花苞一夜间开出七八朵花，第二天，其余的花苞又陆续开放。这一株开完了，另一株又接着开，从七月一直开到十月。我很是牵挂它，在外奔波

花前藤下

的时候总是心心念念着，每次出远门回来，放下行李，茶也顾不上喝一口，第一件事就是去看姜花，所幸的是，每一次姜花都不负我，笑脸相迎。套用一下辛弃疾的诗就是，我看姜花多妩媚，料姜花看我应如是。

姜花的老叶，可以包粽子，台湾新竹内湾的"野姜花粽子"是客家名产。如果真的可以的话，那么我楼下有一大丛的姜花，可以摘来当粽叶，也不必端午时费心找粽叶了。台湾人还把姜花当花馔，把它油炸、炒食、煮汤、拌成生菜沙拉，或捏成饭团，怕麻烦的，索性直接泡茶喝。鲜花入菜，花朵泡茶，也算是雅事，所有的鲜花拿来当花馔，我都不会太疼惜，唯有这姜花，我不忍心它被煮被炒被炸——清纯动人、楚楚可怜的它，理当被人细细呵护，怎么可以让它下油锅呢？它最适合的地方，是像它的老家印度、马来西亚一样，放在佛堂里供佛。它的清新脱俗、不染纤尘，的确让人生出慈悲心和欢喜意。

有一年的夏天，我从杭州回椒江，半路上忽然想念起临海白塔桥的麦虾，就让驾驶员在临海停了车。到紫阳古街边上的双平麦虾店，吃了麦虾，心满意足才出来。在店门口，看到一黝黑的乡里汉子推着自行车，车后横放着两排盛水的木桶，木桶里插满姜花，我见了狂喜，遂买了一束。一束有十枝，竟然只要一块钱！要知道，在武汉的花店，它卖到过每朵两元！花店老板欺骗花盲，说是新款香水百合。骗人当然不是好事，不过我倒是觉得，姜花比香水百合更胜一筹，无论是色还是味。香水百合，是那种浓香，热恋的味道，浓烈，但未必持久。而姜花，它淡雅的清香，是寂寞的爱情，是清凉的美好，虽然缠绵，但不过分，是可以天长地久的那一种，值得长久回味。

夏天的晚上去市民广场散步，路边有人卖姜花，十来束姜花就这么随随便便放在木桶里，两元钱一枝，我和女友各要了一大把。卖花的村妇说，姜花是她在村头的小河边采来的，她们村子里，姜花到处都是，乡里人当它是寻常野花，看得跟狗尾巴草似的，一点都不稀罕。倒是城里人还把它当回事。得空时剪些姜花到城里卖，也可挣几个零花钱。

姜花的味道真是好闻，香得透彻，且香气清雅。闻到姜花的香，三伏天的燥热便烟消云散。女友挽着我，很文艺腔地说，有时真想做一枝花，就像姜花，有轻盈的身姿，从内到外，散发着清香。我对她说了句扫兴的话：我们的内心也许还轻盈，我们的身姿已不复当年的轻盈。

年少时，写过一首诗叫《青春像白色姜花》，想到好时光，想到青春年少，些微的惆怅便因了这姜花而起——不是惆怅旧欢如梦，而是惆怅青春如梦，一晃而过。

凤仙花

凤仙花,从六月开到八月,它薄如蝉翼的花瓣,如美人温软的亵衣,亦如飞翔中的凤凰,《花镜》写它:宛如飞凤,头翅尾足俱全,故名金凤。

凤仙花有种野豁豁的生命力,随手扔一粒种子下去,它就能蓬蓬勃勃地生长,它是那种不知道端架子的花,随便拿只破瓦罐养着,它就迫不及待地长开来——像百折千回却又修不成正果的恋情,以为被时间的灰烬所淹没了,只消情人的一个眼神、

一丝微笑,就会以更热情的姿势投入爱情中。就因为这,它与"名贵"无缘,古人把她喻为"菊婢",意为菊花的婢女。古人把花草也分个三六九等。那些端着架子的,难侍候的,如藤萝般须人扶持、要人怜惜的花,往往被另眼相看些;那些生命力强、野生野长的花,反倒掉了身价。凤仙花就是一例。

凤仙花还有个名字:指甲花。它是旧时女子的天然蔻丹,唐朝歌妓李玉英善弹琵琶,弹奏时,她怀抱琵琶半遮面,用涂了凤仙花的红指甲轻轻拨弦,看的人听的人,无不如痴如醉。元代名士、当过天台县令的风流文人杨维桢在《凤仙花》一诗中,就有"弹筝乱落桃花瓣"的语句,形容染红指甲的女子弹古筝时,手指上下翻动,好似春天里的桃花瓣。凤仙花还有一名叫小桃红,这名字真是旖旎得可以。《燕京岁时记》里记述老北京风情,说凤仙花开时,闺阁儿女取而捣之,以染指甲,鲜红透骨,经年乃消。

女儿家都喜欢凤仙花。那时我十三四岁吧,正是爱臭美的年龄,用火钳把刘海烫几个卷,用烧过的火柴梗把眉描黑,用凤仙花涂指甲,还自以为美得冒泡。班里的女同学,都用凤仙花涂过指甲,选大红、紫红的凤仙花,加明矾,捣烂,敷于指甲盖,用叶子包住,并缠好,隔夜指甲便现出娇嫩的红。连染三五次,指甲颜色若胭脂,洗都洗不掉。懂得用凤仙花涂指甲的女子,多半有颗玲珑剔透的心。一个女子,能在寻常日子里,给自己制造一点生活的小惊喜,生活便会有滋味得多。

李渔不喜欢用凤仙花染甲的把戏,他在《闲情偶寄》里写道:"凤仙极贱之花,此宜点缀篱落,若云备染指甲之用,则大谬矣。纤纤玉指,妙在无瑕,一染猩红,便称俗物。"李渔认为纤纤素手最美,染上点点猩红,便是俗物。他还说凤仙花是"极贱之花,此宜点缀篱落"。李渔一辈子追求声色之欲,还撰文教人怎么鉴赏小脚——谓之"品莲",对凤仙花,不知怎的,就假道学起来了。文人有时真的挺矫情的。

凤仙花的汁液除了染指甲,还可以修饰身体。埃及艳后用凤仙花染头发,印度的身体彩绘也有用凤仙花来染色的。把这事提炼一下,用一句鸡汤体的话来总结,就是:对美的追求,是不分国界的。

凤仙花还可药用,医书上说,白色凤仙花亦名透骨白,追风散气;红色凤仙花名透骨红,能破血堕胎。看了后者,倒吸一口冷气。

家乡有一种极开胃的小菜,叫花梗股,就是开白花的凤仙花腌渍成的。当地人把凤仙花称为"节节花",许是因其每节上都开白花而得名。把白色凤仙花的花梗,切成段,煮熟,浸水后,放在坛子里,盐腌数日后即可食,用来下饭,最是相宜。当地人管这种开胃的腌菜叫"花梗股"——以区别于苋菜茎腌成的苋菜股。

　　凤仙花结实后，青色的荚，轻轻一碰，就会突然炸开来，从青荚里会弹出许多小种子，很好玩的。凤仙花的英文名字，就叫"不要碰我"，好像一个内心激情似火的佳人，面对情人火辣辣的追求，露着一点矜持，端着一点架子，发着一点娇嗔。

　　凤仙花的籽，你知道叫什么名字吗？嘿，不知道吧，让我告诉你——它叫作"急性子"，有意思吧。

花前藤下

鸢尾花

去南极二十多天，去的时候，家门口的梅花还开着，回来时，梅花已经谢了，只剩老而瘦的枝干，不过，玉兰花倒是东一株西一株开着，虽然开得已近尾声，到底还是有气势的，连落了一地的厚实花瓣，也没有让人产生伤感之情。春天就是有这样的好处，一种花谢了，另外一种花紧锣密鼓跟上，让人来不及伤感。玉兰树下有几丛鸢尾，往年都是四月开花的，今年却提早开花了，我不免有点自作多情：它该不是为了欢迎我回家提早开的吧？

很喜欢鸢尾花，少年时第一眼看到，就喜欢上了，算是一见钟情吧。这辈子，还从来没有对某个人一见钟情过，但对于花，倒常常一见钟情。对于花，我不是一个专情的女子，而是个博爱主义者。

我喜欢的花，多是轻盈、清香的那种，给人神清气爽的感觉。鸢尾有着扁平的绿叶，叶子很薄，状如刀剑，它的俗名就叫扁扁兰。开花时，蓝紫色的花瓣,就像鸢的尾巴,又似蝴蝶翩跹,花姿绰约,所以别名又叫蓝蝴蝶。

鸢尾花很美,但它太常见、太好养了。太常见太好养的花,往往就没什么人在意它。园林中、小区里,到处可见,一些城市甚至把它作为道旁花。农家的院子和空地上,随随便便种着这种花,无须打理,沐浴着阳光雨露,它就会发成大大的一蓬——叶子和花都长得格外肥大,叶子茂盛得简直有点像菖蒲的叶子。前年暮春,在郊外散步,鸢尾花开得到处都是,我扯了一丛回家,养在花盆中,长得很快,第二年,花盆就种不下了。我把它移到楼下空地上,又发了一大蓬。一到四月,开出一茎茎蓝紫色的花朵来,像跳芭蕾的女子,纤巧轻盈,甚得我欢心。每回看到鸢尾花开,心总是格外轻盈。

法国人很喜欢鸢尾。我不能不佩服法国人的审美趣味。在浪漫的法兰西大地上,生长着多少种千娇百媚的花朵啊,可他们最喜欢的还是鸢尾。在我们这里没多少人在意的鸢尾,法国人却视之为国花,相传法兰西王国第一个王朝的国王克洛维在洗礼时,上帝送给他一件礼物,就是鸢尾。法国画家爱画鸢尾花,凡·高有名画《鸢尾花》,那蓬蓬勃勃的紫色,让人感到生命的张力。时尚设计师也常从鸢尾花中得到灵感。

埃及人也喜欢鸢尾。外子从埃及回来,给我带了一幅埃及

江南草木记

的画，画的题目就是"生命之树"，是由鸢尾花和莲花、百合花、棕榈叶一起组成的——在埃及，鸢尾是力量和雄辩的象征。

有一次与女友在湖边散步，见到草丛里几朵紫花的花，女友惊喜地叫了一声：鸢尾。我纠正道：这是紫花地丁。虽然开着紫色的花，但紫花地丁不及鸢尾的轻盈飘逸。川端康成在《古都》开头写到过紫花地丁——"千重子发现老枫树干上的紫花地丁开了花。'啊，今年又开花了。'千重子感受到春光的明媚。"

鸢尾花长得文艺，所以很能博得画家、诗人、歌手的青睐，诗人舒婷想来是喜欢鸢尾花的，否则她也不会把诗集起名《会唱歌的鸢尾花》——"和鸽子一起来找我吧／在早晨来找我／你会从人们的爱情里／找到我／找到你的／会唱歌的鸢尾花。"有一首曲子叫《鸢尾花》，高晓松作的词："岁月穿过了墙，没发出声响，鸢尾花用紫色的翅膀在飞翔，配合那落山的月亮，岁月有无人能听懂的老唱腔。"有些往事，岁月不懂，但是花懂。

鸢尾开花，常让我想到一些词语，比如情重、约定、迷离、伤逝。鸢尾，在中国还有一个名字叫祝英台花。它是祝英台，那它的梁山伯又在哪里呢？有些花名，如鸢尾、迷迭香、风信子，我总觉得背后藏着缠绵深情的故事。在西方，蓝色鸢尾代表着宿命中的游离和破碎的爱情。这与梁祝的爱情一样，都让人伤怀。在人类共同的情感上，中西方的鸢尾，花语是一致的。所以，看着鸢尾蓝紫色的三朵花瓣，我会觉得，这是女子深情的眼神，这种眼神能够打动你的灵魂——鸢尾的美，越是年少，越容易被感染，年少时的人心多半是温软的，而经过世事的磨砺后，很多人的心会变硬。

三色堇是喜气的花。传说中，每一个见到三色堇的人，都会有幸福的结局。浪漫的意大利人把它看作是相思花。在意大利，三色堇的花语是"请你思念我"。相爱的男女常常把三色堇赠送给对方表达爱意。同样是相思，中国人的相思多是苦情，最后的结果，免不了泣血、焚稿、化蝶之类，而意大利人的相思，有点像芥末，满是浓烈的味道。蔡依林有首歌叫《马德里不思议》："马德里不思议，突然那么想念你，我带着爱抒情的远行。所以用鹅毛笔，写了封信给你，浅灰的纸里，夹了朵三色堇，你知道它的花语。"信里夹朵三色堇，一切尽在不言中，只因同是爱花人，对方知道它的花语，知道情人的心思。如果对方不解风情，以花寄情，只能是明珠暗投，含蓄倒是含蓄，矜持倒也矜持，但在对方眼里，无非是一朵干花而已，哪里知道，一朵花里藏着曲款。

三色堇长了张狐媚的猫脸，活泼伶俐得很，它开的花，像顽皮的孩子跟你做鬼脸，又像淘气

三色堇

的女子对爱人的撒娇,皱着鼻嘟着嘴,所以又叫猫脸花、蝴蝶花、鬼脸花。我的一个女友是戏迷,她说三色堇像京剧脸谱,有张飞的大花脸、窦尔墩的老生脸、曹操的大白脸。细一看,果有几分相似呢。三色堇的花瓣,薄而透,像是轻柔布料的裙子,儿子小时候形容这种花,说它"开得娇滴滴",那时他才五岁,说出这等话,让我大喜,觉得他有当作家的潜质,童言稚语,因为天真而讨喜,及至孩子长大,整日看哲学书,说出的话倒是深刻,但人一深刻,就离有趣远了,再跟他说三色堇,他只道,一种草花而已。跟他说,见到三色堇的人,会有幸福的结局。他从鼻子里哼一声:这是迷信,你也信?!

我家阳台上种着百来盆花草,但我还觉得不够闹猛,去花市买了十来盆三色堇,一元钱一盆,真是便宜透顶。回家后把它移植到两个大陶盆里,这下子,阳台上不但闹猛,而且喜气,红、绿、黄、蓝、紫各色花朵,开得五彩缤纷,像是过年前街上的大红灯笼,喜气一路蔓延。

《本草纲目》说三色堇可以去痘:"三色堇,性表温和,其味芳香,引药上行于面,去疮除疤,疮疡消肿。"隋炀帝为讨后宫佳丽的欢心,曾经下御旨让太医研究三色堇去痘的方法。也不知这后宫佳丽,如何会有这么多痘,估计是深宫寂寞,情致不遂所致。

喜气的花里还有含笑花。光听这名字,就觉得喜不自禁。好

花前藤下

像梨窝浅笑的美人,笑起来时,满是甜美动人的味道,哪怕不笑,看上去也有三分喜气。含笑的叶片椭圆碧绿,似有油光,花开得很节制,花初放时,并不完全张开,六片花瓣微微抱拢,似笑不露齿的美人,花开透时,花瓣全部绽开,像是开怀大笑。它的香气也特别,一开始若有若无,像一缕抓不住的轻烟,过午,那缕甜香越来越浓,是我在盛夏的瓜地里,闻到的那种瓜果熟透了的甜香,像热恋的情人不避人的亲热,甜蜜浓烈到有点发腻。宋人杨万里说:"只有此花偷不得,无人知处自然香。"是啊,这样浓烈的香,是含笑独有的,它的香会泄露你的秘密——你偷了含笑花,又往哪里藏呢?

江南草木记

茉莉花开放在盛夏。它的花朵小巧玲珑，洁白胜雪，从早到晚，空气中萦回着它清爽通透的香，这种香味，简直可以抵达悠远澄明之境。

我喜欢茉莉花香。茉莉的香味虽浓郁但清正，花开时，香味从四周八方奔涌而来，就像是固执的暗恋，它的香，幽远得像是隔着千山万水的思念，又如同近在咫尺无以言表的深情。这种香，好像是人生情感的某一种状态，不是浓烈到一下子把你熏倒，又不至于淡到把你忘记，是淡远温和的，却又是深入人心的。年少时读过席慕蓉的一首诗，是写茉莉的，细一读，分明是写给情人的："想你／好像也没有什么分别／在日里在夜里／在每一个／恍惚的刹那间。"

茉莉花容易让人忆起情事、生平、青春之类，范成大写茉莉，诗里有中年人深深的感伤："忆昔把酒泛湘漓，茉莉球边掰荔枝。一笑相逢双玉树，花香如梦鬓如丝。"在茉莉的花香里，流转的是年华，昔年乌发上插的白色茉莉，变成

茉
莉
花

鬓边的缕缕华发,人生像电影,镜头切换得如此快。一个不留意,几十年的光阴就抛在身后。

茉莉开时,有挡不住的华美,从氤氲迷离的香芬里渗出,古典小说《镜花缘》有一段评价花卉的文字,将三十六种花卉分为上中下三等,分别冠以十二师、十二友、十二婢的称呼,其中,梅花、兰花被列为上等,茉莉被列为中等,在古人眼里,茉莉的地位不如梅与兰。宋代诗人江奎为茉莉抱不平,他对茉莉发誓道:"他年我若修花史,列作人间第一香。"茉莉的花香,浓、清、久、远,的确不负人间第一香的美名。采下几朵茉莉放在枕边,挂在床头,香味便萦绕左右。"一卉能熏一室香"不是浪得虚名的——茉莉花开的时节,连熏香都可省去。清人袁景澜说,把茉莉"夜悬绡帐,香生枕席,引入睡乡,令人魂梦俱恬",挂几朵茉莉在帐中,做的梦都是香梦。这真是浪漫主义了。

茉莉花可串成花球。茉莉花球戴在江南女子的皓腕上,江南的韵味是那般足,戴复古有"红吐槟榔唾,香薰茉莉球"的句子。前些年,一到夏天,就有妇人沿街叫卖茉莉花,竹篮里总少不了茉莉花球。今夏,家里的两盆茉莉开疯了,开出很多很多朵的白花,我串了茉莉花球,女友带着女儿来我家玩,我把茉莉花球给小女孩戴上,小女孩小心地嗅着花球,开心地叫我"香阿姨"。

茉莉花是有来头的,它老家在印度、阿拉伯,它的花香里,

花前藤下

隐含着古老的异域气息，让我想起那些帷幔、流苏，想起美女光洁额头上的吉祥痣，想起轻纱掩不住的幽深的眸子，想起欢快舞曲响起时，手腕脚腕上抖动的环珮叮当声。《阿拉丁》里，苏丹王的女儿就叫茉莉。茉莉公主聪明、有主见，当然还有些叛逆。她不愿意听从父王之命，要寻找自己的真爱。她逃出城堡，遇上拥有神灯的穷小子阿拉丁，两人一见钟情，历经磨难，终成眷属。结尾俗套，但是美得冒泡，大团圆的结局总让我心满意足。如果以悲剧收尾，倒显得作者全无心肝似的。

　　茉莉花可以酿酒，明代冯梦祯的《快雪堂漫录》记载："用三白酒（白米、白曲、白水所酿者），或雪酒色味佳者，不满瓶，上虚二三寸，编竹为十字或井字，障瓶口，新摘茉莉数十朵，线系其蒂，竹下离酒一指许，贴纸固封，旬日香透。"《金瓶梅》里，众妻妾聚餐，喝的就是茉莉花酒。西安庆吩咐玳安"拿钥匙，前边厢房有双料茉莉酒，提两坛搀着些这酒吃"。他就着花酒吃那宋蕙莲用一根柴火炖得稀烂的猪头肉。西门庆爱喝花酒，什么菊花酒、茉莉花酒、木樨荷花酒。这些花酒里，透露出明末颓废又不失绚烂的风气，是世俗生活的真实写照。

　　茉莉花还可以做成茉莉香饮，采下茉莉花放碗里，把一个涂了蜜的碗倒扣其上，任由花香熏润蜜汁，冲服，就是茉莉饮。我嫌麻烦，采下茉莉花，总是直接扔进半凉的水杯中，喝一口，颊齿留香。不喝，亦有香气。反正，横竖总是香。

　　梅艳芳有一首歌叫《女人花》，茉莉花是真正的女人花，它"清婉柔淑，风味殊胜"，有东方的含蓄之美。李渔大概是文人中最讲情调和格调的，他在《闲情偶寄》中对各种花说三道四，他说："茉莉一花，单为助妆而设，其天生以媚妇人者乎？"他认为茉莉花是专为取悦女人而开的花。李时珍写起花花草草，总是一本正经的笔调，独茉莉的文字甚是旖旎，《本草纲目》里的茉莉是这样的："其花皆夜开，芬香可爱。女人穿为首饰，或合面香。亦可熏茶，或蒸取液代蔷薇水。"

　　茉莉花，开了谢，谢了开，一拨开过后，剪去花枝，过一段时间，又会重新长叶开花，它的花可以从夏开到秋，三伏天里，知了躲在树上，一个劲叫着热啊热啊，叫得此起彼伏，只要茉莉花一开，闻着它的香，夏的炎热，就会减去三分。

花前藤下

双色茉莉

　　说是过了春天便花神退位，群芳摇落，可到了芒种的节气里，还有鲜花着锦的繁华热闹，毕竟是江南啊。

　　六月雪开花了，遒劲细瘦的枝条上，是星星点点的小白花，它在不引人注目的地方，兀自开落着小小的喜悲。窦娥曾说以六月雪洗她冤情，我总疑心此花为她托生。

　　长柱金丝桃畅快地开着，像一群活泼的孩子，满地里撒野，它一开就是一大丛，有种蓬蓬勃勃的气势，大片金黄的花朵，颜色非常纯净，是不带一点杂质的那种金黄。

　　扶桑花开得正好，花色美艳，旧书上说，东海日出处有扶桑树，其叶如桑，故名扶桑。扶桑的花瓣有点像皱纸，有红黄白三色，红色尤贵。很喜欢"日出扶桑"这个词，是那种挡不住的朝气和热烈。扶桑，又叫朱槿。台州的扶桑花多为红色，乡人朴实，不叫它朱槿，直呼为大红花。

因为喜欢朱槿花，我家中用的瓷碗特意选择它的图案，格调不俗，我甚是喜欢。

双色茉莉得好好写一写。这是种会变色的花，有点神秘，像武侠小说中的双色娇娃。它开出的花先为紫色，有极浓郁的香气。它的香浓烈地发冲着，像是本地的一种白酒宁溪糟烧，冲得你发晕。几天后，花瓣由深紫变淡紫，直至转为纯白，香气也逐渐减淡，一点点消失。有人闻不惯它的香，说它香得发臭。有一次在花鸟市场闲逛，几盆双色茉莉自在地开着，我正嗅得起劲，一个长着酒糟鼻的白胖子路过，说此花有牛屎味，我听了甚是气恼，便学了鲁迅先生的做派，叫他"鼻公"——鲁迅不喜欢历史学家顾颉刚，顾是酒糟鼻，鲁迅平日就叫他鼻公，给朋友写信提到顾时，索性用红墨水在纸上点个点儿代表。

双色茉莉又叫番茉莉，一个"番"字就暴露了它的来历，"番"指的就是外国或外族，比如番茄、番薯，都是外来的。旧时还称西餐为番菜，称南瓜为番瓜。清代秀才陈懋森在《临海县志稿》中，在"蔬菜"属记中有"番茄"一条说：番茄出吕宋国，明万历时闽人陈经纶携归，始传于台。番茉莉的老家就在热带美洲，难怪它香得这么浓郁，像是风情热辣的热带女郎。

双色茉莉还被叫作鸳鸯茉莉，它开花先后不一，枝头上先开的花已变白，后开者仍为深紫，紫白两色的花，像鸳鸯一样齐放

枝头，故名。双色茉莉的这两种颜色，紫色代表忧郁、高贵、神秘、深沉、成熟、浪漫，在中国传统里，紫色是王者的颜色，所谓"紫气东来"是祥瑞降临，"黄旗紫盖"为旧时皇帝出世的征兆，"兼朱重紫"是兼任很多官职，"金印紫绶"指的是高官显爵，北京故宫又称为"紫禁城"。而另一面是代表素净、淡雅、清纯、干净的白色。紫与白，就在同一种花上呈现，难怪被叫作鸳鸯茉莉——就像金银花被称为鸳鸯草一样，我总疑心这个名字是国人所起，而且是文人中的那种"骚客"所起。

双色茉莉不需要人操心，放在阳台上，简直无须打理，它不会长虫，喂饱水后，就可以不管不顾，很适合懒人养。冬天时，它的叶子落尽，只剩下光秃秃的干枯的枝条，有点像枯枝，不会养花的人，见不得它不死不活的样，以为它枯死了，就把它扔掉。其实，它是在悄悄地蓄积着能量呢。到了仲春，仿佛一夜之间，密密麻麻的嫩芽就出来了。夏天将近时，它结出了花蕾，花蕾很小，绿豆般的头，包得紧紧的，形状有点像挖耳勺，有长长的梗。从春到秋，它会开三四回花。花开时，阳台上有喧闹的味道，花谢时，就显得冷清。过了个把月，它又会开出花。一年三番五次地开，就凭这一点，就很讨人喜欢。

有个朋友跟我说，别的花一年才开一次，双色茉莉一年开上三四次，太不合算了。

咦，怎么会有这种想法呢？在花的世界里，是没有"合算"这个词的。花朵不会迎合人的心思，也不会揣摩人的想法，时节到了，它自顾自地开，不带一点功利，我特别害怕那些功利的人，丁点小事，也要百般算计，小心眼多过马蜂窝，凡事都要分个值不值，在爱情上也如此，心里爱着一个女子，却把它看成是一种投资，投入一定要产出，如果没有肉体回报和婚姻这个累计结果，便不再付出真心。我不喜欢黛玉的尖酸性子，却喜欢黛玉的一句话，"我只为我这颗心"。——人生最大快意在于心甘情愿，是为甘愿。爱情应似花开落，像花一样，开就开了，谢就谢了，所做一切，只求不负我心，管它什么值不值，合算不合算。

紫茉莉

很喜欢带颜色的植物名字，绿萝呀，紫藤呀，紫茉莉呀，红蓼呀，一串红呀，这些姹紫嫣红的颜色是天地所赋予的，直白、热烈。

紫茉莉在北方南方都很常见。汪曾祺写过它，说它在晚饭前后开得最为热闹，故名晚饭花。傍晚太阳落山了，一家人准备吃晚饭时，它欢欢喜喜开了。老人们不用看时间，只消瞟它一眼就知道，饭点到了。

紫茉莉的花形似小喇叭，花朵繁盛，有白、黄、桃红几色，它是极富生机的那种花，随便丢粒种子下去，就会长出一大蓬花，它长得很快，都没怎么注意，一小丛的紫茉莉过不了多久便密密匝匝地蔓延开来，有种野豁豁的生命力。别的花要精心侍候，紫茉莉却撒籽即活，有些时候，它甚至不需要撒籽，它的种子成熟时，掉到地上，来年春天，它就会从地里悄然探出头来，到了开花的时节，自顾自地开起花。

紫茉莉常见，台州人没怎么把它当花看待，看它跟看野草似的，对它不闻不问，不管不顾，由着它自由自在生长。它不计较，自顾自欢欢喜喜地成长，欢欢喜喜地开花。它的花看上去十分素朴，但别有风味，如荆钗布裙仍然不掩其清新活泼。

紫茉莉有许多好听的别名，如草茉莉、胭脂花、夜娇花等，每一个小名都是娇俏动人。紫茉莉结的籽，黑黑的，如赤豆，如梧桐籽。破开之后，里面有白粉，十分细腻——明代就有人将紫茉莉的花籽制成花粉，这绝对是纯天然的化妆品，北京人称之为"茉莉花粉"，所以紫茉莉又被叫成白粉花。旧时女子喜欢拿它上妆，脸儿越发的白净润泽。记得《红楼梦》第四十四回"变生不测凤姐泼醋 喜出望外平儿理妆"中，平儿被凤姐错打后，宝玉过来劝慰，并服侍平儿化妆：宝玉忙走至妆台前，将一个宣窑瓷盒揭开，里面盛着一排十根玉簪花棒，拈了一根递与平儿。又笑向他道："这不是铅粉，这是紫茉莉花种，研碎了兑上香料制的。"平儿倒在掌上看时,果见轻、白、红、香四样俱美,扑在面上也容易匀净,且能润泽肌肤,不似别的粉轻重涩滞。

前年夏天的傍晚,与外子在郊外散步,见野地里有好多紫茉莉,结了籽,想到《红楼梦》中所写的茉莉花粉,忽然来了兴致,便摘了几颗紫茉莉的黑籽,破开,掏了白粉出来,摊在手掌心,果然十分细腻,把它涂在手背上,白净是白净,只是有点干涩,化不开,白白的一坨,像日本艺伎脸上的那层白粉。或许,老北京人用的"茉莉花粉"中,还掺了别的什么。想到家里的两个阳台都没种紫茉莉,夏天时少了一份热闹,便采集了二三十粒紫茉莉的籽,包在帕子里,宝贝似的捧回家,藏在铁观音的盒子里。去年春分时,找出紫茉莉的种子,把它种在家里的几个空花盆里,一入夏,蓬勃得不得了,夏末,紫茉莉结了小地雷似的籽,掉到楼下,春天时,楼下的空地里又多了一丛紫茉莉。

别看紫茉莉长得乡气,其实是种很文艺的花,古人除了把它的籽用作化妆品,还用它的花汁涂指甲——除了凤仙花,大概只有它有这个好处了。我从不在指甲上涂蔻丹,觉得过于艳丽,但在阳台上看书,看累了,也会摘了紫茉莉的花,揉碎涂在指甲上,有淡淡的一层胭脂色,只觉得好玩。紫茉莉的花,或许还可以当胭脂,要不怎么叫胭脂花?

米兰开着淡黄色米粒大小的花,香气淡雅。它的香,清幽极了,你若心浮气躁,是闻不大到的。只有平心静气,才能闻到这淡雅的香。

米兰

我家的米兰种下有六年了,刚从花市买来时,只是小小一盆,后来越长越大。开始时,怕它晒着,我把它放在阳光不太晒得到的角落。没想到,它不领会我的好心,枝叶越长越瘦弱,开出的花,香气也是十分清淡,有气无力的样子。后来翻了花书,知道它喜阳不喜阴,赶紧替它挪了个地儿,果然,沐浴着阳光,它的叶子越来越油绿,看上去简直有点油头粉面。现在,这盆米兰已经长成半米高,枝叶密实,把阳台一角全占去了,开花时,那叫一个香。花落时,地上满是金黄,像是铺了一地的金米。一个养花的朋友告诉我,把一瓶啤酒浇在米兰上,再浇透了水,米兰就会有足够的养分,开得更是尽兴。我没试过,我怕米兰酒量不好,喝醉了,一夏天都醒不来。

江南草木记

看到米兰,就会想起校园时光。读中学时,《我爱米兰》正流行着,课间休息时,校园里的广播就开始放音乐了,放来放去就是《我爱米兰》:"老师窗前有一盆米兰,小小的黄花藏在绿叶间……"歌很煽情,于是我们跟着曲调"啊"开来。"啊,米兰,像我们敬爱的老师。我爱老师,就像爱米兰。"我大概算不上乖学生,一边使劲地唱着这首歌,一边给敬爱的老师起各种各样的外号。男同学更损,唱到"啊"时,便发出类似于惨叫的声音,惹得同学们大笑。

除了米兰,阳台上还有一盆珠兰。外行人分不清米兰和珠兰,其实很好区分的,光看叶子就知道一码是一码。米兰花香似蕙兰,清香幽雅,开花时从枝丫间生出一串串花穗,花穗上缀着密密麻麻米粒大小的花珠,没几天,小花珠由绿变成金黄,飘散着香味。而珠兰的叶子是椭圆形,边缘有细锯齿,花是黄白色,淡雅芳香,疏离地排列在花序轴上。台州有花谚,说是"晒不死的茉莉,阴不死的珠兰"。意思是,茉莉喜阳,阳光再猛烈也不怕,而珠兰则喜欢阴凉的环境。

明清时,一到夏日,小商贩挑着花担,沿街叫卖茉莉、素馨、珠兰,还把珠兰等花串成花球。女子买了花球后,把花球悬于纱帐中,让花香在暗夜中浮动,人便在花香中入睡。

李渔对珠兰的评价很高,说:"珠兰之妙,十倍茉莉,但不能处处皆有,是一恨事。"我不恨,因为我家阳台上有珠兰,养了六七年了,每年都会反复开花。

米兰和珠兰都可以做成花茶,与茉莉花茶相比,珠兰花茶、米兰花茶的清芬逊于茉莉花茶,而香味的持久则胜于茉莉花茶。多次冲泡后,花香仍芬芳隽永。

扬州有一种茶叫"魁龙珠",用珠兰与浙江的龙井、安徽的魁针合制而成。魁针取其色,珠兰取其香,龙井取其味,浓郁醇厚,解渴去腻。我喝过一回,太香了,喝不惯。

仲夏夜，夜来香开花了。儿子下夜自修回家，闻到香味，嚷嚷道，什么花，这么香，受不了！

夜来香，花香用"馥郁"来形容好像还不够，它的香，像是忘了关上瓶盖的香水，只能用"浓烈"二字形容。我有点想不通，那么细碎的花朵，怎么会散发出那么浓烈的花香，香起来这么有劲道，简直就是气势汹汹的霸王香。

光听夜来香的名字，有点旖旎，有点暧昧，没见过此花的人，以为她长着千娇百媚的模样，实际上，夜来香长得一点不起眼，是属于那种贱养的花。一开春，那枝条可着劲儿地抽枝发芽，简直有点疯长。入夏时，开出细碎的花，仿佛为了掩人耳目，它把细小的花朵藏在茂密的枝叶间，花朵小小的，青白中带点黄。

夜来香行事很是低调，日落之前，你闻不到它的丁点香气，只有暗夜来临，才把芬芳四溢。我家阳台上就有一盆夜来香，盛夏之夜，香味会

夜来香

透过纱窗,钻到室内。朋友来我家喝茶,总是抽着鼻子道,什么味,该不是你点了印度香吧?我说,是纯天然的,夜来香。

夜来香是花中的能臣干将,它能净化空气,还是一味好药。医书上说,夜来香味甘、性平,具有清肝、明目、解毒的功效,它的花可以治疗结膜炎、角膜炎,鲜叶可以外治皮肤溃疮和脓肿。

夜来香的药性我倒没试过,不过,我知道夜来香是驱蚊高手,蚊子见了它就心生畏惧。夏夜黄昏,我家阳台上蚊子四处乱飞,到了暮色四合时,蚊子便避之不及——因为夜来香开始散发香味了。夜来香的香味对蚊子而言,有点像武林中的迷魂香。为了驱蚊,我把夜来香搬进室内,蚊子倒是不见了,只是那香气太浓,害我睡不着觉,赶紧把花搬回阳台。

很多人喜欢夜来香,不是因为它的香,也不是因为它的药用功能,而是因为一曲《夜来香》。这首歌曾流行于上海滩。小时候看电影,只要一出现大上海,必定会有《夜来香》《满场飞》的旋律,靡靡之音嘛,听上去总是软绵绵的。二十世纪八十年代末,西风东渐,港台歌曲也传入我们这里,时尚青年最拉风的举止是戴一副没撕去商标的蛤蟆镜,脚穿喇叭裤,手拎砖头厚的录音机,录音机里传来邓丽君的《夜来香》:"那南风吹来清凉,那夜莺啼声细唱,月下的花儿都入梦,只有那夜来香,吐露着芬芳。我爱这夜色茫茫,也爱这夜莺歌唱,更爱那花一般的梦,拥

花前藤下

抱着夜来香。"《夜来香》最早为李香兰所唱,后为邓丽君翻唱,蔡琴也唱过。邓丽君唱得清雅大气,蔡琴唱得醇厚——接近夜来香的浓香。临海东湖球场有舞场,那时夏夜时老放《夜来香》的歌曲,男男女女搂在一起跳舞,我印象很深——因为跳舞还跳散了好几对家庭。

我那时在读大学,只觉得这首歌好听。老师说,这首歌借花述志,表现了一种"众人皆醉我独醒"的情怀,即歌中所唱的:"月下的花儿都入梦,只有那夜来香,吐露着芬芳。"我挺佩服老师的,什么花都会联想到品性上,多深刻呀,我只会哼哼唧唧地唱,从未想到那么远。

鸡冠花

这两个月，一直忙，好不容易忙完这阵，周末就想去乡间放放风，开了车子往乡间走，路边都是农舍，三丛两丛鸡冠花在周围随意地开着，有七八分的喜气。

鸡冠花跟蜀葵一样，在乡间十分常见。春分时，堂前屋后，撒些鸡冠花的花种，到了夏天，鸡冠花开得热情洋溢。有些花名，人们未必叫得出，如瑞香、姜花之类，但鸡冠花，没人会搞错，它的花冠跟雄鸡的肉冠，简直没什么两样，它的

别名就是鸡髻花、芦花鸡冠、笔鸡冠、大头鸡冠、凤尾鸡冠、鸡公花等,反正左看右看,横竖跟鸡冠脱不了干系。小时候,看过一个动画片,到现在印象还很深,两只小公鸡玩捉迷藏,其中一只调皮的小公鸡躲进鸡冠花丛中,骗过另外一只小公鸡的眼睛。元代诗人姚文奂戏称鸡冠花如雄鸡斗败归来,冠血未干。他赋诗曰:"何处一声天下白?霜华晚拂绛云冠。五陵斗罢归来后,独立秋亭血未干。"我家对面有一小炒店,打出的招牌菜叫"公鸡炒鸡公",我一直没闹明白这是道什么菜,却总是走神想到鸡冠花。

鸡冠花还有一名,稍稍文气些,叫老来红。白石老人画鸡冠花,花冠是浓浓的朱红,花柄是淡淡的水红,浓淡相宜,花冠上伏一只蛐蛐儿,其间有真趣。白石老人六十多岁开始学画,然后走红,真的是老来红。

鸡冠花有红、白、紫、黄、绿等多种颜色,以红、白二色最为常见。《花史》载:明代翰林学士解缙,文思敏捷,但恃才傲物。明成祖爱其才而厌其傲。一日,明成祖在御花园令他作诗吟咏鸡冠花,解缙脱口成诗:"鸡冠本是胭脂染。"明成祖却指指白色的鸡冠花,解缙随机应变:"今日为何浅淡妆?只为五更贪报晓,至今戴却满头霜。"我总疑心这个故事,有戏说的成分在。不过,解缙才气放逸,桀骜不驯,倒是真的,可锋芒太露,难免招致"风必摧之"的结果,虽然他主持撰修《永乐大典》名留千古,但最终还是被锦衣卫活埋雪中而死,年仅四十七岁。

鸡冠花是个性鲜明的花,喜欢它的人,欣赏它的质朴和热情,不喜欢它的人,嫌它植株矮壮不秀气,花又开得大大咧咧,土里吧唧的。在我们这儿,鸡冠花似乎上不得台面,文艺女青年喜欢玫瑰、百合、鹤望兰之类,没人拿鸡冠花当回事。不过,在欧美,鸡冠花却被视为永不褪色的恋情——第一次赠给恋人的花,就是火红的鸡冠花,寓意永恒的爱情。这真是各花入各眼。

鸡冠花的花和种子均可入药,花有清热凉血的作用,种子可治眼疾。有一年,为了赶书稿,用眼过度,眼前世界,模糊一片。到中医院看眼疾,医生配给我的中药里,就有鸡冠花一味——把鸡冠花籽和红枣煎服,说是可治夜盲、目翳。台州女子谢道清是南宋理宗皇后,《宋史》记载,她入宫前长得不咋的,"生而鬒黑,翳一目","翳一目"即她的一只眼睛有先天性的角膜云翳,所幸的是,谢道清入宫前得名医调理,治好了目翳。我想,名医的药方里,没准就有鸡冠花。我看过一本医书,里面鸡冠花防病治病的验方有一长溜,一数,有三十多种,就差没说它包治百病了。

鸡冠花可入花馔,什么红油鸡冠花、鸡冠花蒸肉、鸡冠花豆糕、鸡冠花子糍粑等。作家古清生撰文说:"剪下未结子的鸡冠花,开水一焯,裹上米粉蒸熟晾干,然后用茶油将其炸酥,又脆又香,口感甚好,封存在陶罐里,夜时读书慢慢享用,或者款待朋友。"他也实在嘴馋得慌,要么就是太有情调,或者是太闲了。平常读书人,谁会想到把鸡冠花炸了吃呢。

昙花

木槿、牵牛花、昙花，这三种花，容易让人产生"伤逝"的联想。

木槿和牵牛花，是朝颜，朝开暮落。昙花，则是夜放，那种决绝谢世的姿势，让人喟叹。我记得还有一种花叫风信子，也容易让人伤感，据说风信子的花心里，藏着表达痛苦的叹息声"哎呀"——哎呀一声轻叹，好时光走远了，美好的物事总是走得那么急。

昙花是低调内敛的花。我第一次看到昙花，是十一二岁光景，花是对门邻居种的。邻居会拉小提琴，还喜欢养花。那个夏夜，好像特别闷热，那时没有空调，睡在竹床上，好几次被热醒。半夜昙花开了，邻居高兴得大呼小叫，挨个敲门，唤左邻右舍来赏花。那时，我们住的都是平房，邻里关系十分亲近，常走动，不像现在，高楼之间，邻里很少来往，最多相互点个头，有一种礼貌的疏远。

我迷迷糊糊地被叫起来，睡眼惺忪的，跟在大人后面去看昙花。初见昙花，那种饱满又丰盛的美，让我心惊。小时候看到的花，是迎春花、桃花、梨花、午时花、向日葵，长得喜兴活泼，但说不上华美，因为太过常见，见了昙花，心头简直是炸了一下，这世上，竟然有这般华美的花，简直就是风华绝代！我第一次知道，有一种花的美，会像闪电一般，击中一个少年的心灵。

后来也陆陆续续看过几回昙花，终归看得不多。前年和去年夏至时，显周先生家的昙花开了，他邀请我们去他家赏昙花。一听有花可赏，我们迫不及待赶了过去。我们喝着几十年陈的普洱，吃着刚从树上摘下来的杨梅，一边静候着昙花开放。从七点到九点，大伙儿有一搭没一搭地漫谈着，大家的心思都有点涣散，每个人都在惦记着昙花的开放。书上说得玄乎：昙花每三千年才开花一度，说只有转轮王出世这样天大的喜事才能引动它的花讯。

还好，我们静心等待的时间不算太长。在我们的期盼中，含苞垂首的昙花，慢慢打开闭合的花苞，仿佛电影里慢拍快放的特技镜头。这位羞涩的美人，于月白风清之夜，一点一点展现它的秀色。未开放时，它像小家碧玉，花开时，是安静地、有分寸地、优雅地、缓缓地开放，一旦开放，它有着别的花所不及的雍容气度，那洁白的花瓣，一点点向外伸张舒展，如美人伸着懒腰——难怪它被称为"月下美人"。

江南草木记

今年小暑节气，昱周先生的昙花又要开了。昱周先生很是高兴，又打来电话，邀我们再去赏花。彼时大家兴致都很高，喝了点酒，醉里挑灯看花，用日本女作家枕草子的话来说，是"有意思的事"。虽然他家的昙花开得比往年晚了一个节气，但今年的昙花，开得更加尽兴，不是一朵两朵地开，而是十朵二十朵地开。这样密集开放的昙花，我第一次见到。主人更是高兴，这昙花，真给面子啊！

昙花美则美矣，却像薄命的红颜，从开放到凋谢，仅四五个小时，甚至更短。昙花垂首含苞时，看上去柔情似水，但它绽放的样子极其狂放，谢世的姿势也刚烈异常，简直就是个慷慨赴死的烈女。一经盛放，硕大的白花，像金钟一样，倒挂下来，几个小时后就萎谢了，真所谓"弹指芳华，红颜已老"——昙花一现，红颜转眼就逝去，曾经的芳华，似隔帘的花影，只能怀想了。

昙花的乍放乍谢，让人心怀伤感，它美得惊人，却凋零得太快，丝毫不顾及爱花人的怜爱。你一个不留意，就错过了它的美丽。人与花之间，就像人与人之间，怀着不同的心思，中间仿佛隔了千山万水，有时你巴巴地守着，等着它开放，它却声色不动，而当你心思散漫了，一个不留意，它却悄然绽放。这有点像阴差阳错的爱情：一辈子遇不到最爱的人；遇到最爱的人却不能厮守。泰戈尔说得对，离你最近的地方，路途最远。其实，人这一生中，擦肩而过的不仅是昙花夜放，还有许多，比如最美的风景，比如最恰当的机遇，比如最纯真的情感。错过时，也许还未惊觉，当惊觉时，一切都已远去。

天台石梁飞瀑旁的中方广寺，有一座以昙花命名的亭，叫昙华亭。华者，花也。这是南宋宰相贾似道为纪念他的父亲贾涉而修建的楼亭。旧志载：昙华亭落成时，给五百罗汉供茶，茶瓯中现出朵朵昙花，并示"大士应供"四字，故得名昙华亭。每次上天台山，必去昙华亭一坐，登亭俯视，石梁、飞瀑尽在眼底。亭上有一对联，很是出名——风声、水声、虫声、鸟声、梵呗声，总合三百六十天击鼓声，无声不寂；月色、山色、草色、树色、云雾色，更兼四万八千丈峰峦色，有色皆空。对联充满禅意。贾似道是天台人氏，曾位极人臣，享尽荣华富贵，他说"人生有酒须当醉"，但他未能善终，被杀于押解途中，繁华于他而言，终不过昙花一梦。

昙花多半在夜间绽放，为使昙花白天开放，有好事者采用昼夜颠倒的方法，当昙花花蕾形成时，白天搬进暗室或罩以黑布，晚上用灯光照射，如此这般，昙花乱了生物钟，给搞迷糊了，晨昏颠倒，便会白天开放。此等做法，简直就是唐突佳人。我以为这种人多事且无趣，不解风情。

家里的鸭跖草有两盆，一盆为紫叶，一盆为青叶。先说说紫叶鸭跖草，它的茎与叶为暗紫色，上面毛茸茸的，小花不起眼，花蕊是黄色的。紫叶鸭跖草又叫紫竹梅、紫锦草。农家院子里多有种着，开得野豁豁的。

我是一直把它当成紫罗兰的，在花鸟市场买下它时，店主也言之凿凿说是紫罗兰。我喜欢紫罗兰，就是因为它诗意的名字。养了两年后，有次到乡下采访，看到一路上都有它的身影，起

鸭跖草

了疑心——再怎么的,紫罗兰也该摆点谱,端点架子呀。回家后,翻阅园艺的书,才知道它根本不是紫罗兰,而是紫叶鸭跖草。这个名字,让人有点扫兴。起个好名是多么重要啊,就像说"我想和你睡觉",就是耍流氓,而说"我想在你身边醒来",就是浪漫诗人。

后来见到真的紫罗兰,才知道两者完全不同。紫叶鸭跖草的花是开在茎顶端的,鲜紫红色,而紫罗兰的花是开成鞋钉状的,香味与烹饪上使用的香料丁香很相似。园丁多把它种在窗台下,主要是希望借由紫罗兰,把芬芳的香气带进屋子里,因此紫罗兰的花语是——清凉。有一部电影就叫《紫罗兰》,是一部游移、暧昧的短片,男女主人公内心压抑而矛盾,躲躲闪闪地相处了一年——既因为思念不停地寻找对方,又因为矛盾不停地躲避对方。

女友到我家喝茶,顺便到阳台赏花,看到紫叶鸭跖草,惊喜地叫道:啊,紫罗兰。我认真地纠正道:不是紫罗兰,是紫叶鸭跖草。她很扫兴。说实话,自从知道紫叶鸭跖草不是紫罗兰后,我对它就漫不经心了。它倒是宠辱不惊,还是自顾自美滋滋地长着。因为它的脾性,我又喜欢上它了。

阳台上还有一盆鸭跖草,叶子绿色,开出的花则是蓝色的,这种蓝深于天空的蓝,接近于宝石蓝,花朵细碎轻盈,日本作家德富芦花说它的花,"仿佛是被调皮的孩子揪掉的碎片,又像小

江南草木记

小的碧色的蝴蝶停在草叶上"。我很喜欢蓝色的小花,因为蓝色总是带有点小忧伤,让人怜爱。

鸭跖草很会"发",冬天时虽然一副没精打采的样子,一到春天,迅速长出新叶,特别是几场春雨后,叶子发起来更是没完没了,简直有点疯长。有一次,我从野外扯了一大把鸭跖草回家,一半放在青瓷瓶里水养,一半种在陶瓷花盆里,到夏天时,它们披挂下来,有近半米长,油亮碧绿的,十分养眼。一个女友来我家,看到我的鸭跖草十分眼红,我分出一盆给她,她放在客厅里当宝贝供着,还特地花四五百元,买了个漂亮的花几来承托这盆鸭跖草,鸭跖草在她家享受到了老干部的待遇。

《花镜》中写到鸭跖草,光看文字,就让人心底跟着温柔起来:"淡竹叶一名小青,一名鸭跖草。多生南浙,随在有之。三月生苗,高数寸,蔓延于地。紫茎竹叶,其花俨似蛾形,只二瓣,下有绿萼承之,色最青翠可爱。土人用绵,收其青汁,货作画灯,夜色更青。画家用于破绿等用。"后面的注解也很详细,说鸭跖草夏日茎梢开花,花下有大的叶状苞,花盖两片,呈蓝色。花盖片的青色液汁,可做绘画的颜料。

鸭跖草的别名很好听,比它的大名好听,有小青、蓝姑草、碧蝉花、露草、淡竹叶、竹叶草、耳环花、萤火虫草等。我很喜欢小青这个名,让我想到《白蛇传》中的白娘子和小青。

美
人
蕉

喜欢"美人蕉"这花名。旧时文人常用花来喻美人，而用美人命名的花却很少，历数下来，除了虞美人，大概就是美人蕉了。美人蕉之名，有娇怯怯的撩人的味，让情种听了，身先软了下来，心思却活了起来。

美人蕉随处可见，满眼的绿，触目的红，绿叶与红花，都是浓得化不开的颜色，让你的眼睛无法躲闪开来。花开得大大咧咧，说是美人蕉（娇），它有美人的娇容，却无美人惯常的娇气，很是奔放。它算不得大家闺秀，顶多也就是小家

碧玉，平日里无须照料，随遇而安，不必多费心思，把它栽到哪里，就在哪里生根开花，忒大方热烈了。

　　初春时节，空气中还带着丝丝的寒意，这时的美人蕉比春笋更为敏感，它早早感觉到了春天的召唤，急不可待地冒出地面，先是一撮撮的绿芽儿，尖尖的，嫩嫩的，带着新鲜的晨露，新绿的叶子初卷如筒，慢慢舒展开来，犹如打开一幅画卷。几场春雨滋润后，它的叶子唰唰地长开来，宽大明朗的叶子，有如芭蕉叶，可以承接阳光和雨露。长到约一尺半高的时候，从绿叶中窜出一枝花茎，直直地向上，高出枝头一截来，花茎之上孕育着成串的苞蕾，过几天，鼓鼓的花苞打开来，开出一簇簇的花。"带露红妆湿，迎风翠袖翻"，晨光熹微，是美人蕉最美的一瞬，"一似美人春睡起，绛唇翠袖舞东风"——看上去如美人春睡初起，绛唇翠袖，嫣然含笑。写到美人蕉的姿色，总少不得"翠袖"二字，这美人蕉简直就是戏曲中的青衣。

　　美人蕉的花上，总似敷了一层白粉，如美人淡施粉黛，风情万种，花朵娇嫩而柔媚，不只是红色，也有白色和黄色的。"照眼花明小院幽，最宜红上美人头。"诗人们夸起美人蕉来，总是不吝笔墨——开红花的美人蕉，最是出挑，宛如扎着红头巾的女子，有大唐女子的风范。而按照佛教的说法，红色美人蕉是由佛祖脚趾所流出的血变的。

喜欢雨打芭蕉，也喜欢雨打美人蕉。有一首民乐就叫《雨打芭蕉》，流畅明快，喜气洋洋的乐句互相催递，短促的断奏犹似雨打芭蕉淅沥之声。广东民乐除了《雨打芭蕉》，还有《彩云追月》《步步高》，我听着，总是心怀快乐。有雨打芭蕉的民乐，也该有雨打美人蕉的民乐。雨中的美人蕉，带着水珠，花朵格外红艳，如新妆初成。

美人蕉跟紫薇一样，花期很长，有"百日之花"之誉，它的花由春及夏，到深秋，好像总是开不败的样子。

一串红、茶花的花蕊中有汁液，是花里偷偷藏着的甘露，小时候没什么零食，杜鹃花、覆盆子就是我们的零食，至于止渴的饮料，就是一串红、茶花花蕊里的汁液。美人蕉的花心里也有汁液，同样的清凉甜美。

寒风一起，经了霜的美人蕉，茎叶就会枯萎，一如老去的美人，甚是颓唐，花匠便会剪掉它的茎叶。美人蕉在冬日里默默地蓄积养分，来年春风一起，又精神抖擞地开放。

菊花,是寒露时节最明显的标志,从金黄一路缤纷到紫色,让人心跟着醉。周末去了江边的花鸟市场,抱了两盆菊花回来,秋天嘛,总得有秋天的样子,赏赏菊,吃吃蟹,要不然这个季节就虚度了。

盆栽的菊花总觉得少了几分生机,我偏爱露天的菊花,因为场地大,它的根得以自由舒展,无拘无束,常常一发而不可收。大片的菊花,把个农家的院子点缀得明晃晃的。前些年,在秋风瑟瑟时节,常下乡采访,见到山沟、土坡中金黄色的野菊花,心一下子亮堂起来。

菊
花

《嘉定赤城志》云："菊有四十余种,可记者曰黄,曰白,曰紫,曰御袍,曰金、银、荔枝之类,则取其色。曰甘,则取其味。曰球子、曰玉绣球、曰金盏银台,则取其形之类。曰酴醾、曰桃花、曰茉莉,则取其花之同至是。而独头开者曰佛罗菊,状似婴儿者曰孩儿菊,高与篱落等者曰东篱青,自海外得者曰过海菊,余不可胜载云。"我们的老祖宗很是风雅,把家乡的风物描绘得那么细致入微。不像现在的一些志书,干巴无趣得很。

众人只道陶渊明爱菊,旧时家乡的名人中,爱菊者也不少。元代的大学问家陶宗仪素爱菊花,在屋前屋后,种了许多菊,耕读授徒之余,写写文章,或引觞独酌,不亦乐乎。他有咏菊诗:"三嗅秋香立,吟哦待酒来。"在菊花前吟诗多么风流快活,菊花淡淡的香味,本已让人心醉,何况,竹帘内有人已经在倒酒了,酒香随秋风飘来,未喝已然醉了。

菊是淡泊的、古雅的,文人爱它闲云野鹤般的遗世姿势,有这么多的诗词歌赋为它撑腰,它的地位自然不同于凡花俗草。台州人中,最爱菊的名士,大约是南宋末期的陈荣卿。陈荣卿爱菊成痴,他才气不凡,名闻于士林。宋亡,"绝意仕进",不与异族合作。清高遁世的他,自号菊隐,即菊中隐士。他在祖宅堂后建"慕菊楼",楼前植菊百种,平素里悉心观察,绘有《百菊图》,并写下百首咏菊诗:"轻柔无力倚西风,粉面娇羞酒半红","一点香魂呼不醒,霓裳犹似舞唐宫"。诗中道不尽对菊的柔情蜜意。

他借菊花喻自身的高洁，赞美菊花"大姿洁白尘难染，更着心中一点青"，把菊花列为"秋园第一花"，爱菊花爱到无以复加。

我不太喜欢那种硕大的菊花，在人家眼里，那是富贵气，我觉得它木讷，不够机灵，好像木美人，没有眼波流转的俏皮。我偏爱的是乡间的雏菊。雏菊这个名字，有着大地清朗的气息，也带着一丝感伤，人淡如菊，就是这样的味。韩国一部经典爱情片的片名就叫《雏菊》，主演是我喜欢的、有雏菊气质的美女全智贤，她扮演的画家惠英有一段雏菊花语——回忆里的爱情比等待中的爱情更令人痛苦，无法诉说的爱情比可以告白的爱情来得更加长久。

秋天的大地是雏菊的家园，有时去爬山，不经意间就会看到一大丛的野菊，或疏疏朗朗，点缀在山岩石缝中；或熙熙攘攘，拥挤在山坡向阳处，开得活泼伶俐，不经意间，就把秋意给渲染出来了，像表面上温和平顺，骨子里却任情不羁的女子。有这样一种说法，在西方，思春少女拿不准该爱还是不爱，便拿一朵雏菊，一瓣一瓣地撕落，嘴里念着"爱""不爱"。最后一瓣会告知她结果。温润柔嫩的少女在摘雏菊的时候，心头必定掠过微微颤动的情愫，那种欲语还说的情事，在外人眼里，亦是一种不谙世事的甜美。

雏菊看上去就是种倔强的小花，见到它，会让人生发勇气和力量。捷克作家伏契克,被德国纳粹关进集中营。他在《绞刑架下的报告》中写道:每放风,看到墙根的一朵雏菊,意识到生命的存在,于是增强了与死亡斗争的勇气与决心。前年到布拉格,在郊外看到一丛雏菊,就想到伏契克。

常见乡人把野菊花晒干,拿来泡茶喝,说是有清热解毒、平肝明目的功用。丽水人把山中野菊的蓓蕾做成轻圆黄亮的菊米,当茶饮,嘉兴的杭白菊更是出名。我呢,不爱喝菊花茶,但喜欢拿菊花做枕头。有一年,在临海老行署招待所门口,赶巧,碰到山里人挑了满担的野菊花来城里卖,我把一筐野菊全买下,有好几十斤。回家后,翻出久未用的竹箩,把野菊花晾在上头,风干后做成菊花枕,有菊花特有的清香味。那一段时间,我睡得特别香。

我喜欢风干的鲜花,像干的雏菊、玫瑰、薰衣草等等,一个故事一段美丽就此封存,只有芬芳若有若无。我对干花的感情,就好像小杜拉斯三十九岁的扬,爱上了暮年的杜拉斯,扬在信中写道:"我认识你,永远记得你。那时候你还很年轻,人人都说你美。现在我是特地来告诉你的,与你年轻时的面貌相比,我更爱你备受摧残的容颜。"

若不是橙黄橘绿，江南秋天的丰硕，怕是要打些折扣。

江南佳果

橘子

若不是橙黄橘绿，江南秋天的丰硕，怕是要打些折扣。

秋天是多情的季节，橘子便是让人动情的元素。秋风起了，凉意生了，荷尽菊残之后，就数橘林风光最美。橘子是这个时节江南最当令的水果，一个个的黄金果子，像一盏盏小灯笼，挂在树上，让人情不自禁把它跟"丰收""喜庆"联系在一起。文人们总觉得江南的秋，色彩不如北方的斑斓，秋味也不如北方的浓，郁达夫就毫不留情地说："江南，秋当然也是有的，但草木凋得慢，空气来得润，天的颜色显得淡，并且又时常多雨而少风；一个人夹在苏州上海杭州，或厦门香港广州的市民中间，混混沌沌地过去，只能感到一点点清凉，秋的味，秋的色，秋的意境与姿态，总看不饱，尝不透，赏玩不到十足。"说得那么直截了当，真当是一点面子也不给江南。南方的四季固然不太分明，但一年到头绿意盎然，不比北方秋冬的萧条冷落更有生机吗？何况，江南的秋味并非真的不足，城里固然少一些

秋天的风物，但到山野走走，金黄的橘子、火红的柿子，还有冷峻的乌桕树、苍茫的芦苇和辣蓼，简直就是九分九的秋色。

江南佳果

　　我的家乡，在北纬28度。北纬28度是一片神奇的土地，在这片土地里生长起来的水果，无论文旦、枇杷、杨梅、橘子，都胜别处一筹。家乡是著名的橘乡，柑橘自古有名，乳柑曾被誉为"天下果实第一"，这个评价不可谓不高，简直就是坐稳了果实中的头把交椅。黄岩橘子曾经非常出名，红得可以让骄傲的北京人、上海人为之折腰。现在，临海的涌泉蜜橘风头很劲，连小孩子都知道"临海一奇，吃橘带皮"。当年南宋小朝廷偏安钱塘，台州姑娘谢道清成为理宗的皇后，她是临海人，自然爱家乡的风物，故而九月进贡青柑，十月进贡霜柑，成为当时的惯例。这些进贡的南方佳果，先献于太庙，然后宋理宗召集后宫的妃子分食，每人一只，由理宗亲自放入她们的袖中，谁也不多一只谁也不少一只,一碗水端得平平的,在高墙大院的寂寞宫墙里,也算是秋天里难得的一抹暖色。而这个时候,北方人别说柑,连橘都没有——橘逾淮而为枳。南方的橘子移植到北方,水土不服,长的又小又黄,酸得倒牙。

橘子谷雨时节开花,要到霜降方可采摘,这期间,它走过两个季节,历经十三个节气——"绿叶青枝金色果,剪刀声里满秋霜",秋风刚起时,它还是一个个的小青果,到了霜降时,冷风一吹,寒霜一打,不但颜色变得金黄灿烂,甜味也更足。

我觉得,被称为"子"的名人,如孔子、老子、庄子、荀子等大哲,都是淡泊出尘的高人,且都有大智慧;带有"子"的草木,如车前子、决明子、山苍子、算盘子、胡颓子、木姜子、使君子、美丽胡枝子、长花黄栀子,都有古朴、空灵的气质,仿佛草木中的智者;而那些带着"子"字的果实,如无患子、覆盆子、橘子、橙子、莲子、栗子等,则是饱满、质朴的、快乐的。"后皇嘉树,橘徕服兮",两千多年前,伟大的诗人屈原就为橘子唱过赞歌,唐代的张九龄也赞美过橘子——"江南有丹橘,经冬犹绿林",到了冬天,北方大地一片萧条冷落,而南方的橘子林仍然郁郁葱葱。江南毕竟是江南啊。

古时候讲究天人合一,对天地万物总有敬畏之心。旧时,每到花朝节,花农要晾晒百花种子,还要在树枝上挂红布条祈福,称之为"悬福",希望明年有好年景。而在家乡,一到橘子采摘时,橘农便携福礼到橘园中祭神,民间称之为"种橘福",福礼是猪肉、鱼、豆腐、橘子四冷盘,阔气些的,用猪头当福礼。盘边放着橘剪,橘农们点香燃烛,虔诚地祭祀"橘神"——求"橘神"保佑风调雨顺,蜜橘丰收。到了新旧年交替的除夕,橘农们要给橘树挂千张,意谓给压岁钱。至于那些盼子心切的妇人,会到橘林里的偏僻之处,找出结橘最多的橘树,祈求"橘神"赐子。人与植物之间,是有情分的,与天地、节气,亦有某种默契。

国人喜欢讨口彩,什么样的植物代表什么,都有一番讲究。藕就是佳偶,莲是怜爱,桂代表富贵,而因为"橘"通"吉",橘子就代表吉祥。此等喜庆祥和的果子,婚庆寿宴等喜庆场合,自然少不了。旧时家乡的婚礼中,新娘要在洞房中摆"十三花",摆上橘子等水果,傧相在旁边唱歌讨彩:"新媳妇,出手快,摆起果子十三花。三对三,两对两,黄岩蜜橘摆中央。新妇面前要摆桂花酿,新郎面前要摆节节生(小花生)。上摆梅花结顶,下摆柳树盘根。三月三开花(花生),九月九结子(橘子),开花结子满堂红,麒麟送子到房中。"这是在祝福新郎新娘早生贵子。

橘子在江南是吉祥的水果,在各种场合抛头露面,万事未动,橘子先行,先讨个好口彩。橘子亦是广东人的心头之好,处处讲究的广东人在新春佳节互赠橘子,希望来年大吉大利。在广东民间,人们习惯上把橘字写成桔字,在潮州,人们索性把柑橘

江南佳果

叫大桔。大桔，大吉也。如此说来，这橘子简直就成了吉祥物。

　　身在江南，我无法想象，江南的秋天如果没有橘子，那还能叫秋天吗？

江南草木记

杨梅

一直向往着"数间茅舍,藏书万卷,投老村家。山中何事?松花酿酒,春水煎茶"的生活,终究未得,也不曾用松花酿过酒,不过,夏至一到,倒可以拿杨梅酿酒了。

"乡村五月芳菲尽,惟有杨梅红满枝。"杨梅是水果中的红粉佳人,娇艳美丽。某年初夏,在仙居采访,听到一位果农亲昵地称杨梅为"杨梅姑娘",不觉莞尔——百果中,大概只有杨梅被冠以"姑娘"的称呼,就像酒中,只有绍兴黄酒被称为"女儿红"。

夏至杨梅满山红。杨梅成熟于春夏之交的江南梅雨时节,只消枝头上几粒性急的杨梅抢先红了,便有成批的杨梅跟着成熟,那争先恐后的劲头,让人感受到杨梅也有股心气劲儿。

夏至前后采杨梅是吴越风情之一。很少有水果像杨梅一样,身上集聚了江南玲珑剔透的风土人情。况且,在中华民俗的意象中,丹朱赤绛一向为大富大喜之色，那一颗颗紫红的杨梅，赢得青睐也就不足为奇。

夏至前后进入杨梅林，放眼望去，漫山遍野都是杨梅，红得鲜艳欲滴，紫得黑红发亮，水灵灵，娇嫩嫩，绿叶红果，美不胜收。饱满的杨梅压着枝条，并不像沉重的稻穗会把稻秆压弯，杨梅的枝条是轻盈的，充满韧性的，承载得住一颗颗红果。在杨梅林里享受采摘乐趣的城里人，像贪食的孩子，面对满园佳果，不知先尝哪颗才好，这一株杨梅才吃了两颗，又瞄准旁边那株大杨梅树，正待伸手，又觉得上头那枝的杨梅更大更紫，恨不得像千手观音一样，可以朝前后左右都伸出手来。

杨梅是风情万千的尤物，曾经立下"日啖荔枝三百颗，不辞长作岭南人"誓言的苏东坡，被吴越杨梅"色诱"之后，欣然写下了"西凉葡萄，闽广荔枝，未若吴越杨梅"的诗句。莫怪苏学士见异思迁，这就好比一个男子，原以为此生爱的是散淡如水的女子，遇上一个激情似火的佳人之后，终于知道，这才是梦里千百度要找寻的。苏氏时任杭州太守，独创东坡肉，在吴越之地，他敏感的味蕾终于尝到了杨梅的妙处——酸酸甜甜，像爱情的味道，令人回味。

杨梅中有东魁杨梅，号称"杨梅王"，有百余年的栽培历史，老家在台州黄岩，果大、色艳、饱满，之所以取名东魁，意为"东

方之魁"。既然称"魁",自让人小瞧不得。"三言二拍"中有一篇《卖油郎独占花魁》,"花魁"是什么,百花中拔得头筹,连猜拳都有个"五魁首"。东魁杨梅敢称"魁",自有过人之处,它每只有乒乓球大小,最大的甚至有一两多重,如果你是樱桃小嘴,一只杨梅得咬许多口,即便你长有朱丽叶·罗伯茨这样的性感大嘴,想一次性把一只东魁杨梅吞进口,也非易事。其他的杨梅跟东魁杨梅一比,好比小巧玲珑的佳人,跟高挑丰满的美女比肩而立,终归是稍逊风骚。仙居的东魁杨梅和被当地人称为黑炭梅的荸荠种杨梅十分出名,东魁杨梅以大取胜,而仙居的黑炭梅虽然小巧玲珑,但红得发紫,紫得发乌,且汁液汹涌,咬一口,甜美得让人一愣一愣。

台州为杨梅的原产地之一,三国时沈莹在《临海异物志》中道:"杨梅,其子大如弹丸,色赤,五月熟,似梅,味甜酸。"那时家乡的土地上就有杨梅了,奇怪的是,至今杨梅只在日韩有少量栽培,而在东南亚诸国和欧美等地,由于水土关系,杨梅均用作观赏或药用,不当果树栽培。

杨梅不止美味可口,还有多种功效。江南之夏,潮湿闷热,不少人茶饭不思,神情恹恹,身倦脚软,谓之"疰夏"。杨梅有消暑、健脾、增进食欲之功效,民间有"杨梅医百病"之说。《本草纲目》中说:"杨梅涤肠胃。"李时珍真是洞若观火,每一种植物,他都能深入最本质的地方,找出它为民所用的妙处。

一颗酸甜的杨梅入口,足令五脏六腑为之清爽。杨梅酒是江南人家最有特色的家酿美酒。夏至之时,以白酒浸泡杨梅,过一段时间,杨梅与酒各自成就了风味,白酒经过杨梅浸泡,酒味虽减,但后劲十足,而被酒滋润过的杨梅,汲取了酒之精华,冲劲十足,酒味全在杨梅中了。炎炎夏日,吃几颗被白酒浸泡过的杨梅,可防中暑。台州人家,夏天鲜有不酿杨梅酒的。酿得多的,甚至可以吃到来年。在夏日里,要是走亲访友,逗留到吃饭时间,主妇多半会捧出自酿的杨梅酒。

某年夏天,我在长潭水库,跟几个行伍出身的朋友吃胖头鱼,他们喝宁溪糟烧,怂恿我喝杨梅酒,蒙我说杨梅酒跟杨梅汁差不多——在这之前,我还没喝过杨梅酒。我一尝,果然杨梅酒并不浓烈,那晚大伙儿情绪高涨,我也就不以为意喝下四大杯。不承想,喝下不到半个小时,便醉倒在夜风中——盖杨梅酒的后劲发作了。我直道苦也。还好外子在边上,否则断然认不得回家的路。事后回想起来，天地一醉，人间一梦，也是美事。我已经好久没有这么放纵过了。

我曾经以自酿的杨梅酒招待过北方来的朋友，北方大汉喝了杨梅酒后，说江南美酒淡如水。酒既如水，对泡在酒里的杨梅就更不以为然。谈笑间，吃下杨梅四五粒，便双颊酡红，从此不得不承认这被酒浸泡过的杨梅，冲劲胜过北方的二锅头，不由大发感叹：杨梅酒的欺骗性很强。

说起来，杨梅仿佛江南羞怯怯的未婚女子，柔弱婉约，娇娇弱弱。而这浸过酒的杨梅，颇似江南人家出嫁的女子，被生活磨炼成一个辣妹子，拿得起放得下。江南人家给女儿起名时不少就叫杨叶、杨梅、梅子之类，甚至有直接就叫杨梅红的。我的一个朋友，她的女儿就叫杨叶。至于叫梅的女友，就更多了。

江南佳果

荸荠

冬至一到，就可以挖荸荠了。

荸荠在我们这里是寻常物事，没甚稀奇。台州产荸荠，民国时期，台州荸荠的产量，占了全省一半，尤以黄岩店头的荸荠，最为出名。店头的荸荠，尖端突起红中透白的荸荠芽儿，红润带紫——漆器中有一种颜色，就叫荸荠红。店头的荸荠，乌黑发亮，精神气十足，它的浆分很足，咬一口，嘎嘣脆，用台州话说，就是"爽爽声"。店头荸荠的鲜甜细嫩、清脆爽口，远胜于秋梨。"黄岩蜜橘红彤彤，店头荸荠三根葱"，黄岩人用来吹牛的物事不少，不过这句俚语还真不是

吹的，店头荸荠的确名声在外。除了店头，黄岩的高桥、院桥，产的荸荠也很出名。

荸荠是江南丰腴的清水田中孕育出来的。李时珍说荸荠："生浅水田中，其苗三四月出土，一茎直上，无枝叶，状如龙须……其根白蒻，秋后结颗，大如山楂、栗子，而脐有聚毛，累累下生入泥底。"北方人把荸荠称为马蹄，台州人称之为地栗——大概是因为它在泥地下结果，结出的果子又是皮色紫黑，粗看如栗。

汪曾祺在小说《受戒》中写过荸荠：挖荸荠，这是小英子最爱干的生活。秋天过去了，地净场光，荸荠的叶子枯了，——荸荠的笔直的小葱一样的圆叶子里是一格一格的，用手一捋，哔哔地响，小英子最爱捋着玩，——荸荠藏在烂泥里。赤了脚，在凉浸浸滑溜溜的泥里踩着，——哎，一个硬疙瘩！伸手下去，一个红紫红紫的荸荠。她自己爱干这生活，还拉了明子一起去。她老是故意用自己的光脚去踩明子的脚。

汪曾祺的文字总是那么清爽，如荸荠，咬下去，脆生生、水灵灵的，文中的小儿女情怀，最是让人回味。

家乡的荸荠是用锄头挖的。冬至时，荸荠可开挖，乡人用锄头在荸荠地里翻上一遍，一个个红彤彤的荸荠就露了出来。用锄头挖过的荸荠田里，难免有些漏网分子。孩子们便去捡漏，光着脚在烂泥里乱踩,踩到硬硬的一个,摸上来,是一个紫红的大荸荠,那高兴劲儿,没法形容。把荸荠放水田里洗一下,洗去泥浆,往衣服上随便一擦,就往嘴里塞。荸荠咬在嘴里,甜汁四溅。

除了这种圆头圆脑的荸荠,家乡还有一种野荸荠,指甲大小,深栗色,入口极甜,就是太小了,吃不过瘾。

冬至到小寒时节的荸荠最好吃。荸荠价廉物美,水分又足,清口又解渴,但我嫌洗泥、削皮麻烦,平常不太买。故乡的街头常有卖荸荠的,村妇手脚利落,拿一把小刨子,削皮动作快如流星,只一会,红褐色的皮落了一地,碗里是雪白的一堆。削了皮的荸荠,白嫩清灵,得赶紧吃,过一歇,颜色就会发黄,像妇人,失了青春,人老珠黄的样,看着揪心。

荸荠可做菜。黄岩有一道名菜,叫橘乡马蹄爽。将荸荠去皮捣糊,加适量淀粉,做成荸荠团,油炸后加糖,又脆又香,我一人能吃七八个。拔丝荸荠也很好吃,金黄灿烂,外酥里糯。荸荠还可以磨成粉,冲饮食用,比藕粉更加浓厚,味道也更加爽口,它是耐饥的好食物,《救荒本草》上说,马蹄粉"食之,厚人肠胃,不饥"。

荸荠还可做成荸荠鸡丁、荸荠肉片、冬笋荸荠、荸荠狮子头、荸荠饼、蜜汁马蹄、马蹄芡实糕、云英糕、荸荠圆子汤等。无论是生的煮的炒的炸的,这些菜只要跟荸荠沾了边,吃起来,一言以蔽之:脆。不过,我还是偏爱生荸荠,煮熟的荸荠,味道毕竟寡淡些,也失了荸荠清新水润的自然之气。

荸荠性寒,清热又泻火,最宜用于发烧病人。把荸荠削皮切片,加冰糖,制成冰糖荸荠汤,可止咳。荸荠还可美容,把荸荠用刀片拦腰切断,用荸荠的白粉浆涂满酒糟鼻,早晚一次,坚持一月,据说效果不错。每回看到酒糟鼻的人,我总是很想告诉他们这个方子。

台湾汉声编辑室花了两年时间编辑了《水八仙》一书,其中收录了我写荸荠的文章,在序里,他们说:"我们奉上一块泥巴,泥巴里裹着水八仙,土得掉渣的风物……汉声不仅留下一块泥巴,也留下重塑未来的神土。借水八仙的仙气,让现代人体会日日是好日的风物真味。爱土、爱水,与水八仙相守,是敬祖宗、宜子孙的事。"或许这就是美食的真谛,享受到任何一种美食的人,对自然、对土地,都要抱着一颗感恩、敬畏的心。

江南佳果

高橙

立冬到了,高橙可以采摘了。在外工作的闺密,托我买高橙。

高橙是温岭的特产,温岭是中国高橙之乡,温岭高橙是柚与甜橙的杂交种,起名高橙,是否含有青出于蓝而胜于蓝的意思呢?我还是喜欢它的另外一个名——玉橙,有温润的感觉。凡是以玉起头的,都是好物事,如玉人、玉帛、玉版宣、玉兰、玉器、玉石,当然,还包括这个玉橙。

我喜欢高橙,喜欢它碧翠的叶、清正的香,喜欢它浑圆的外表、温暖的颜色,更喜欢它内里的丰盈多汁。

早春的花,如蜡梅、结香、迎春、连翘,无一例外有着金黄的色泽,开在春寒料峭的季节,给人带来丝丝暖意。而晚秋的果,如高橙、橘子、文旦,颜色同样是金黄的,就像阳光破开云层,从四面八方奔涌而来,这种单纯的金黄,在寒意渐起的季节,能唤起人们对温暖的向往。高橙是

那种浑圆而快乐的果实,看上去有种令人心旷神怡的满足感。而对游子来说,高橙的味道酸酸甜甜,略带苦味,这正是思乡的味道——甜美,又带些酸楚,有时还有些许的苦涩。我有一友,女强人,家里家外的担子一肩挑,一累就上火,一上火,就想到家乡高橙,也许本质里,她不是想要吃高橙,清凉败火的东西哪里又没有呢,非得巴巴地等着高橙来败火。恐怕,还是乡愁在作怪吧。乡愁是味觉上的思念。季节愈深,离家越远,乡愁越浓。

　　我在温岭工作过,时间不长,才九个月。那时单位楼下,常见一老人蹬着三轮车来卖高橙。高橙是他自家种的,立冬时刚摘下,我一到秋冬就上火,喜欢寻些清火的水果。老人说,高橙败火最好。老人家的高橙刚摘下,蒂头还带着绿叶,色鲜皮香,一看就有清凉的感觉。剥橙时,满室都是馥郁的橙香。苏东坡有诗:"西风初作十分凉,喜见新橙透甲香。"说橙香之烈简直可以穿透铠甲。还是台州本土诗人戴复古实在:"澄江浮野色,虚阁贮秋先。却酒淋衣湿,搓橙满袖香。西风吹白发,犹逐少年狂。"这位江湖派诗人显然是食橙老手,因为橙子不像橘子一般易剥,它的橙皮紧连着瓤,硬剥的话会橙汁四溢,须用手搓几下,使得皮与瓤稍分离,这样剥起来就容易多了,戴复古诗中说"搓橙满袖香"就是温岭人吃橙的办法,不但易剥,而且剥后衣袖生香。高橙多汁,有些爱吃高橙的老鬼,嫌剥橙皮麻烦,把高橙揉一揉,切一小口,拿吸管来吸取果汁。

橙熟之时,正是蟹肥之日。《武林旧事》载,宋高宗銮驾出宫临幸清河郡王张俊的府邸,张俊在自己的华府招待皇帝,满桌珍馐中,有两道菜与橙有关,一是螃蟹酿橙,一是虾橙脍。《山家清供》记有螃蟹酿橙的制法:"橙用黄熟大者,截顶剜去穰,留少液。以蟹膏肉实其内,仍以带枝顶覆之。入小甑,用酒、醋、水蒸熟。用醋、盐供食,使人有新酒、菊花、香橙、螃蟹之兴。"而"虾橙脍"是把切细的虾肉与橙皮和在一起而成。如果此橙用温岭的高橙,或许风味更浓。文人们似乎十分推崇这两道菜,江山需要文人捧,美食同样少不了文人雅士的参与和炒作。

高橙能败火,还能清肝明目、醒酒降压,油腻吃多了,用它来清清肠胃,也是极好的。艺术大师刘海粟曾写信给台州画家陈曼声,说自己"耄年口渴,极嗜高橙"。陈曼声是刘海粟学生,才气甚高,当年刘海粟多次劝他留沪任教,但陈曼声坚持回故里,他曾执教于温岭中学。我那时在温岭中学读书,他已是耄耋翁,但走路带风,精神好得很。曼声老人工花鸟,画梅、兰、竹,画紫藤、牡丹、荷花、月李，也画公鸡和金鱼，别有韵味。

秋天采摘高橙，是让人开心的事，浓绿的叶间，露出金黄的果子，沉甸甸的黄金果把树枝压弯了腰，有时不得不劳几根小木棍支撑着，来分担高橙的重量。刚离树的高橙，味酸而苦，放些时日，味道则变得十分清口，高橙耐贮藏，它跟文旦一样，皮厚肉嫩，可贮藏至翌年春夏。贮藏得法的话，风味会越来越佳，且口感清爽，令人回味——高橙就像心高气傲的女子，未出阁前，带着几分自以为是的青涩，历练久了，心气自然平和。

高橙可榨汁，亦可酿酒。有一种果酒是高橙酿制的，清澈透明，有着果香和酒香，喝上一杯，幸福指数一下子就飙升了。

文
旦

霜降时节,果子熟了。霜降真是个好时节,好多果子都成熟于这个节气,南宋本土诗人戴昺的"果熟霜前树,鱼肥雨后溪"句,就很有秋天那种充实、喜庆的味道。

文旦三月现毫,四月含苞,七月结果,它现毫于乍暖还寒的时节,收获于霜降前后。谷雨前后,文旦开花,乳白色的花瓣,厚实含蓄,羞答答地藏在翠叶之下。文旦开起花来,有争先恐后的劲头,密密实实的。立夏前后,果农要为文旦树疏蕾,每一撮枝干上,挑出养分最足的花蕾留着,其余的悉数摘去,这样养分集中,能保证文旦的品质。果园里,果农手摘刀剪,白花立时委地。疏蕾后,果农用毛笔蘸着瓶中花粉,点施于文旦花的花蕊之中,简直比画家泼墨挥毫还要潇洒,这般景致,富有江南风情。

江南的女子,旧时用木槿叶子洗发,还用木槿花煎水洗脸,台州一些地方,把木槿花称为洋皂花。也有用文旦花洗发的,《南方草木札记》

的作者、散文家朱千华就说，桂乡女子用文旦花洗发，洗了后，满头青丝，轻柔顺滑。我没有试过，不敢妄言，但用此花洗头，想来满头青丝必定带有柚花的清香。

　　霜降一到，丰收在望，可以采摘文旦了。果子经过霜打，甜分更足。一只只青黄的文旦，累累地垂挂着，一棵树上，会七七八八挂上百来只文旦，有时一根纤细的枝条上就垂吊着两三只硕果，风一吹，似要掉下来的样子，让人着实替它捏了把汗，但它似高明的杂技演员一样，晃动得颤颤巍巍，却把树枝抓得牢牢的。

　　新鲜的文旦十分喜人，它吸收了一春一夏的阳光雨露，浑圆饱满。绿色的外皮，带着新鲜的金黄，像佳人正当盛年的风采，又似怀孕的少妇一样充实。中国四大名柚，是柚类的"四大名旦"，而玉环文旦则是其中的花魁。旧时，沪、杭店家出售文旦，多标明"楚门文

江南佳果

旦"，以示出身名门。一方水土，出一方人，长一方花，也育一方果，作家车前子说：北方的地气浑然，浑得不无麻木，行个两三百里，杏子李子枣子的味道并没有多少变化，语言也大致相同。而到了南方，尤其是江南，地气顿时变得敏感，具体为事物、语言等等等等就千差万别。车前子纳闷：无锡与苏州只隔了半小时的路程，无锡能出上好的水蜜桃，而苏州为何就出不了？

文旦何曾不是这样呢？文旦长在玉环的大地上，结出的果子风味就特别佳，放别地，味道就寡淡。不过，话说起来，早年的玉环文旦没有这般风头，那时它还是土里吧唧的土种柚子，当地人称之为土栾。这土栾，皮厚囊小，不是酸涩，就是发苦，不堪食用，它生于乡野，无人搭理，直到遇上福建柚子，情投意合，一番嫁接，你中有我，我中有你，结成一段金玉良缘，也成就了这一南方佳果。

文旦的名字，有点特别，在戏曲中，旦指的女性。我喜欢刨根问底，好探个究竟，问当地的朋友，文旦的起名是否跟戏剧中的旦角有什么瓜葛。一问，好像还真有这么回事，玉环文旦是由一唱戏的花旦从福建带来的，播种于楚门龙岩山外张村一带。为了纪念这位美丽的旦角，遂以文旦命名。

柚类中出名的不少，不过，公认品质最好的还是玉环文旦。玉环文旦瓤肉脆嫩，酸甜可口，"中华第一柚"不是浪得虚名的。

台州民间，凡秋冬佳节阖家团聚都少不了文旦，因为它象征团圆与美满。霜降时节摘下的文旦，放之室内，香可盈室，闻着这舒爽的清香，恍惚间，还以为自己是在秋天的文旦园呢。文旦有个好处，它极耐贮藏，是天然的水果罐头，可藏至翌年四月，这个时候的文旦，外表看上去，好像有点人老珠黄，果皮也因失了水分，变得皱巴巴的，但果肉依旧清香脆嫩。

玉环人善饮，他们的酒量真是吓人，我好几个朋友，号称千杯不醉的，到了玉环，都被玉环人放倒。酒醉后拿什么解酒呢？文旦瓤肉。在各种水果中，文旦的皮算是最厚实的了，别嫌弃它皮厚，文旦的果皮可以做成茶饮。小孩子积食，大人也会把文旦皮切丝，煮成茶给孩子饮用。我最喜欢喝的柚子蜂蜜茶，就是用柚子皮和蜂蜜做的，甜中带酸，好喝极了。

除了做茶饮，文旦的果皮还可做菜，与鸭子焖烧，清香可口。还有一道菜，名叫柚皮扣，也是用文旦皮做的——把文旦的果皮切成小块，配以五花肉，加调料烹制，味道清鲜异常。不过，我更喜欢的是玉环文旦露，多文艺的名字啊，一听就是江南的美食。这道甜点在央视的《欢乐中国行》中露过脸，两位骨感的佳人董卿和萧亚轩，品尝了现做的"玉环文旦露"，直道味道赞。这个玉环文旦露，是以文旦壳为盛器，把文旦果肉撕成粒，用泡开的兰香子、西米和蒸熟的木瓜粒，勾芡装入，酸中有甜，甜中有酸，着实是秋天的好滋味呢。

柿子

要是没有红柿,台州的秋天便清冷多了。

秋风起时,柿树上挂满的青青柿子,一点点开始变红,到了霜降时,便有明艳喜庆的颜色,就像新嫁娘的大红嫁衣,看着就令人喜悦。"遥看一树凌霜叶,好似衰颜醉里红。"几棵柿树,把秋天点缀得红润又充满风情。

台州农家的院子,常见一两株柿树,春夏时,它们一概水静渊深着,一到秋天,一树红柿,好像风中的灯笼,在天空下分外耀眼。在一片橙黄橘绿中,它的那种艳红,就像当红的旦角,把人的视线全吸引了去。

我喜欢柿树,在老辣沉着的秋树面前,柿子的那种旷达,有丰收在望的底气,让人觉得稳妥和踏实。等叶子落尽,枝头上留着红红的柿子,树干黑褐似铁,遒曲如龙,苍郁中有生气,昔年倪云林、黄公望喜画柿树,当代画家张浩也常把柿树入画,枝头仅剩寥寥几片叶子,红红的果实

江南佳果

倒有几十只，挂在枝头，看着就让人眼馋。

在古代，植物的叶子常用来题诗，韦应物"尽日高斋无一事，芭蕉叶上独题诗"。不过，他又嫌"题诗芭蕉滑"。司图空曾题诗于荷叶："故园虽恨风荷腻，新句闲题亦满池。"李白曾"流夜郎题葵叶"，李峤则把诗写在柳叶上——"复看题柳叶，弥喜荫桐圭"。张籍落笔菖蒲："向晚归来石窗下，菖蒲叶上见题名。"杜甫则是"桐叶坐题诗"。而柿叶，比起其他植物的叶子，写起字来似乎更顺手。那个被发配台州的唐代大才子郑虔，少时聪颖好学，资质超众，弱冠时却举进士不第，困居长安慈恩寺，他"善图山水，好书，常苦无纸"，见寺内存有柿叶数屋，遂借住僧房，日取红叶学书，天长日久，竟将数屋柿叶通通写了一遍，终成"诗书画三绝"的一代名家。

以柿叶为书的不止郑虔一人，元末明初的黄岩人陶宗仪，应乡试不举，弃家出游，避乱于松江南村，他在南村课徒之余，躬耕田野，笔砚不离身，每有所见所闻所思，就随手记在树叶上，投入瓮中，埋于树下，十年后积了十多瓮，这些叶上文字，最后编成《南村辍耕录》三十卷。有人考证说，陶宗仪记事之叶，便是柿叶。《全芳备祖》对柿树赞不绝口，说柿有七绝，"一寿，二多阴，三无鸟巢，四无虫蠹，五霜叶可玩，六嘉实，七落叶肥大"。我觉得还可加一绝：其叶可书。

红柿在台州是十分常见的水果,霜降时节,漫山遍野的红叶枝头,挂的都是鲜艳诱人的柿子,有"燃云烧树,金乌下啄"之景致。明末思想家黄宗羲就赞美过台州的柿子:"临海饶风物,旅情亦渐移。朱栾山客饷,方尽野僧遗。村酒成红曲,山肴脯柿狸。"他是识货的,知道台州柿子的妙处。

台州各地,柿的品种着实不少,临海的红柿、玉环的长柿、三门的牛奶柿、黄岩的甜柿,都是柿中佳品。光是临海的柿子,就有八棱、丁香、方柿等十来种,色彩也很丰富,有红、绿、乌、黄数色。当地农谚说,立秋胡桃白露梨,寒露柿子红了皮。方柿成熟得最早,八月底就成熟,采摘后,浸水脱涩,食时须刨去果皮,口感松脆,十分清甜。我在日本吃过一种柿子,蒂头比台州的方柿略大些,同样清脆爽口,可以切成片,当餐后水果,我很喜欢这种清脆的口感。

朱红柿比方柿成熟得迟些,秋分、寒露时节便可采摘,朱红柿红艳艳、软乎乎,是另外一种味道,轻轻一吮,便觉鲜甜与清凉。台州俚语"老姆娘呒牙齿,水果要买红冬柿",指的就是这种柿子。玉环三合潭的长柿相当出名,红润可爱,甜润沁肺,可以用这八个字称道——色胜金衣,甘逾玉液。三合潭村有一株两百多岁的柿子王,看上去,简直就像老树精,丰年时,这棵柿树可产柿八百多公斤。

台州人豪爽，善饮，而相对地，台州的水果，也多半能解酒，像文旦、橘子、柿子、甘蔗，都是天然的解酒药，柿子当然也能解酒，否则就不配叫台州佳果。

柿子晒干后，就成了柿饼。清代《调鼎记》里记录了做柿饼的方法：去皮捻扁，日晒夜露，候至干，晒纳瓮中，待生霜，取出即成柿饼。柿饼柔韧甘美，有清热、润肺之功能，它上面那层薄薄的、白白的糖霜，可以治口疮和咽喉痛。秋燥袭来时，吃上几个经霜的柿子，最好不过。

冻柿子也是别有风味的，有一年寒冬，到东北的林海雪原睡火炕、吃冻柿。数九寒天的时节啊，一边吃着硬邦邦的冻柿，一边冷得牙齿格格抖，却觉一股清凉入肺中，相当痛快。

秋天时，乡下亲戚会送一些土柿子过来，这些柿子采摘得早，像石头蛋子般硬。放在谷糠或松针里，上面铺几把稻草，以防风把柿子水分抽走。过个三五天，柿子便会慢慢地脱涩软熟，由金黄色变为朱红色。我喜食柿子，五六只柿子一口气吃完，还意犹未尽，可偏偏被某人告诫不能多吃，说柿子性寒，吃多了伤胃。哼哼，我才不管呢，吃痛快了再说。

枇
杷

五月枇杷黄了。

台州有首童谣："五月枇杷黄,六月杨梅红,七月水蜜桃,八月雪梨葡萄熟,九月柿子猕猴桃,十月蜜橘文旦香。"听着就让人流口水。

台州号称水果之乡,不是浪得虚名的。从夏到秋,时常闻到各种水果香甜的味道,唐代名诗人描写台州的诗作中,就有咏吟台州佳果的诗句,如高骈的"满庭红杏碧桃开"、贯休的"紫梨红枣堕莓苔"、李敬方的"林果黄梅尽"、武元衡的"烟林繁橘柚"等诗句。

"五月江南碧苍苍,蚕老枇杷黄。"立夏时,枇杷是当令水果,与樱桃、梅子并称为"立夏三友"。台州盛产枇杷,以路桥枇杷为最,路桥枇杷是"有身份"的水果,跟温岭高橙、临海西兰花一样,获得国家农产品地理标志认证,一到枇杷成熟时,当地还要为枇杷举办节庆,端的是热闹喜庆。

有一首打油诗与枇杷有关,说的是有人送枇杷与人,附函说:送上琵琶两筐云云。收礼的人回了一首调侃道:"枇杷不是这琵琶,只为当年识字差。若使琵琶能结果,满城箫管尽开花。"其实写诗的人是半桶水,他不知道枇杷也叫琵琶,古籍《本草衍义》早已解释:因枇杷其叶厚长而呈圆形,状如琵琶,故而得此名。

枇杷这种南方佳果,还有多种叫法:苏东坡称为"卢桔",陆游称之为"金丸",更有诗人因其花在隆冬开放,称之为"晚翠"。晚翠,雅是雅的,但不够"通俗"。最让人惊异的是,有人把这黄金般的果子唤作"粗客"。实在想不出,这枇杷与粗鲁汉子有什么瓜葛。

宋人戴敏在《初夏游张园》中写道:"乳鸭池塘水浅深,熟梅天气半晴阴。东园载酒西园醉,摘尽枇杷一树金。"戴敏是江湖派诗人戴复古之父,父子俩都挺"作"的,这首田园诗写的是立夏前后江南田园的醉人景色。"东园载酒西园醉,摘尽枇杷一树金"的田园生活,比起陶渊明的"采菊东篱下"来,更有放达的况味。

过去,大凡有院子的江南人家,都爱种上一株枇杷。枇杷是秋萌冬花春实夏熟的果子。冬天一片萧条,除了茶花、梅花,也只有枇杷打起精神开花了。虽然枇杷花不甚起眼,花苞接近于铁锈色的暗沉,开的白花也无甚姿色。不过,到了夏天,枇杷树上

结满了果子，"树繁碧玉叶，柯叠黄金丸"，绿树葱葱，金果满枝，简直就是万事喜乐的景致。二十多年前，我住在临海，家在一楼，有个五十多平方米的院子，供我们独用。院子里种了爬山虎、搭了葡萄架，那年夏天，极热，我怀着孕，倦怠、浮肿，吃不下饭，闻不得任何气味，平素里最喜欢的花香，闻了都要反胃。白日里还得东跑西跑采访，回到家累极，晚上躺在竹椅上，在院子里纳凉。朋友送了一篮黄岩的大红袍枇杷，食了几粒，因为身子笨重，就将枇杷籽顺手掼在院落的花坛里。

不承想，枇杷籽发了芽，钻出地来，先是小小的几片叶子，四五年后，竟长成老高的枇杷树。初冬时，枇杷叶底缀了团团簇簇的白色碎朵，春天时，结了小小的果子，立夏前后，满树枇杷，珠圆玉润，饱满玲珑，像是黄金做的果子，常有院外馋嘴孩子爬墙偷枇杷吃。儿子小时候，我常在枇杷树下给他讲故事。后来，我搬家了，好些年没见到这株枇杷树了，前些日子到临海出差，惦记着这棵枇杷树，特地拐过去看了一眼，只见这枇杷树愈发高大,新主人说,每年立夏,都可以采摘到几大篮的枇杷。

《本草纲目》记载枇杷"能润五脏,滋心肺",《食疗本草》则说:"煮汁饮之,止渴,治肺气热嗽及肺风疮,胸、面上疮。"我住临海时,每有肺热咳嗽,便去院中摘些枇杷叶子,搓掉背面绒毛,丢进厨房的药罐里,煎服几次,果然好了。枇杷膏止咳的效果也很好,将冰糖化成水,和枇杷肉煮至浓稠的膏状,就可用勺子挖着吃,当然,枇杷花也能止咳,中药店有售,虽然自家院子就有,但我舍不得摘,每每需用到枇杷花时,情愿跑远路到药店去买。

《广志》说:枇杷易种。叶微似栗,冬花春实,子簇结有毛,四月熟。大者如鸡子,小者如龙眼;白者上,黄者次之。枇杷依照果皮和果肉颜色深浅不同,分为红沙、白沙两大类,红沙的就是诗人说的"金丸",果皮金黄色,肉粗,宜做罐头。白沙的果皮浅黄,肉质玉色,古人称之为"蜡丸"。"蜡丸"质细味甜,适于鲜食。台州的枇杷,好品种很多,像洛阳青,就是大红袍中选出的良种,果子如麦秆般金黄,肉肥厚饱满,水分多且甜美,好吃极了。

秋分时,有村妇挑着菱角在家门口卖,买了一斤,边走边吃。菱肉粉糯,带点湖塘水泽的野香。家乡有谚语:谷雨青梅梅中香,小满枇杷已发黄,夏至杨梅红似火,大暑莲蓬水中扬,秋分菱角舞刀枪。吃着菱角,就想到栗子。

栗子是江南人爱吃的干果,它包裹在丛密长刺的球形壳斗中,未剥壳时,完全是个刺头儿。剥了壳后,现出褐色油亮的真身,倒也不失可爱。民国时候,江南多地大旱,村民以板栗度过荒年,故江南不少地方称板栗为"铁杆庄稼"——铁杆二字,轻易用不得。除了"铁杆朋

栗
子

"友"的铁杆能担得起这二字,还有什么植物能担得起这么重的名头呢。

唐代诗人项斯有《宿山寺》诗:"栗叶重重复翠微,黄昏溪上语人稀。月明古寺客初到,风度闲门僧未归。山果经霜多自落,水萤穿竹不停飞。中宵能得几时睡?又被钟声催著衣。"项斯夜宿山寺,耳中所闻是栗果自落,目中所见是草萤乱飞,而僧人未归,无人共语,诗中一派孤寂之意。古人的这种闲适心境真令人羡慕。

家乡的板栗,块头不大,皮薄味甜,不像外地的一些板栗,个头大,但甜味不足,中看不中吃。栗子熟时,乡野的孩子最为高兴,知道又有解馋的物事了。秋风一起,栗树上挂着一团团毛刺刺的栗球,过些时日,成熟的栗子会从树上自动脱落,像个淘气的孩子蹦落到地上。本地话说,捡地货不罪过。在栗树下捡栗子,是农家孩子的乐事。调皮一些的孩子,光在树下捡还不够,还会握着长长的竹竿去打,或者索性爬上树梢去摇晃,落下一地刺壳。成熟些的,栗子的毛壳会裂开一点,像是开口笑,可见里面褐色的板栗,而有些则严实得刀枪不入。孩子们捡栗子捡得兴高采烈,有时一个不留神,会被长满尖刺的栗子扎着,不免大呼小叫。

栗子树的叶子很漂亮,树干也很有味道。贾祖璋说栗子的树干，"好像扭曲的样子，裂纹排列极整齐的，就好像妇人所穿的有斜条纹的长衣，极为美观"。漂亮的树木跟漂亮的女子一样，总是讨人喜欢的。巴黎时尚奢华的香榭丽舍大道，就种有一排排的栗子树。有一年秋天到巴黎，大家都去逛名品店，我一个人在栗子树下漫步，秋天的风吹落了一地的栗叶，脚踩在上面，沙沙地响，松鼠在树枝间跑来跑去，金发碧眼的孩童在栗树林中追逐玩闹，我听着音乐散步，想到的竟然是故乡的炒栗子——这个时候，家乡的栗树该挂果了吧。

栗子生吃是甜而脆的口感。秋天，山里的朋友送来几竹篮的栗子，一时吃不完，我就把栗子挂在阳台上，风干。等栗子失了水分，变得蔫不拉叽，再吃，是丝丝的甜，味极清香。丽水庆元有锥栗，果实呈锥形，看上去不起眼。我到庆元出差，景飞师兄送我两箱锥栗，说锥栗味道比板栗要好，我起初以为他这是"宣传口径"，因为他总是到什么山上唱什么歌。拆开真空包装的袋子，捡几粒锥栗出来，一尝，果然糯而香甜，比板栗好吃。冬日夜，抱着个热水袋，边看闲书边吃锥栗，是美事。难怪宋时薛泳有诗："一盘消夜江南果，吃栗看书只清坐。"

栗子有强筋壮骨的作用。中医就说，冬季食栗胜过喝肾宝。宋《嘉定赤城志》就有记载："剡及始丰皮薄而甜，相传有人病足，往其下食数升即能起行。"始丰，今天台也。说有人腿脚不便，吃了栗子后好了。这个故事可能有点夸张，不过栗子的确能补虚，宋代文学家苏东坡,晚年身患腰腿痛的毛病,常食栗,算是食补。南宋诗人陆游晚年齿根浮动,也吃栗健齿。

江南人家,善用栗子做菜,有板栗煨鸡、板栗炖肉等。山里人家尤喜板栗炖土猪肉。秋天里到山里走亲戚,他们会端出板栗炖肉款待你。杭州人好风雅,喜欢把栗子煮得烂熟碾成丁,再撒点桂花,做成桂花栗子羹,是秋天可口的时令小吃。

秋分时,闹市的街头,随处可见炒栗。大炒锅架于红火炉之上,锅里是粗粒的沙子,汉子光着膀子用力翻炒着栗子,没多久,糖稀烧化出焦甜的味道,炒好的栗子油光发亮,香味勾人馋虫。也有不用糖稀用蜂蜜来炒的,拿着粘手,吃起来更甜。单位边上有家炒栗摊,小有名气,老板很有个性,每晚卖完二十斤就收摊走人,多一斤也不卖。

清人郝懿行在《晒书堂笔录》中写到糖炒栗子:"余来京师,见市肆门外置柴锅,一人向火,一人坐高杌子,操长柄铁勺频搅之,令均匀。其栗稍大,而炒制之法,和以濡糖,藉以粗砂,亦如余幼时所见,而甘美过之。" 一百年前京师炒栗的方法,与现在江南街头糖炒栗子的方法并无两样。去年深秋到东京,发现东京街头也有炒栗子卖,油亮的外表,粉甜的内里,颗颗栗子都很饱满粉糯。

糖炒栗子要趁热吃,甘甜绵软,香糯可口。有时,两人一起看电影,电影散场后,买一纸袋糖炒栗子,边走边吃,觉得秋天过得很充实,人生亦过得很充实。

江南佳果

樱桃

立夏时节，红了樱桃，紫了桑葚。

台州人把樱桃叫作杏珠，把玉米叫作妖萝——这两个名字，都极妖冶。

樱桃是立夏的当令水果，玲珑剔透，红艳艳的果子，像爱撒娇的女儿嘟着的红唇，它是最宜入画的水果，光溜溜的红果儿，细细的把柄，总有玲珑的味儿。

立夏前后，樱桃树上挂满了红果子，看一眼就让人口舌生津，如果下过一场雨，油亮的果子挂着水珠，便是"一树樱桃带雨红"的风情，有着别样的清新之美。老友沈三草是画家，我很喜欢他的国画小品《樱桃》,竹篮里几粒嫣红的樱桃,画面空灵,是立夏的景致。画作上的留白,好似流走的时光,少年弟子江湖老,真是流光容易把人抛,红了樱桃,绿了芭蕉。

樱桃好吃,花也好看。春分时节,一树一树的樱桃花在山野倾情开放,白色的花朵中带点粉晕,分明是春光的颜色,"有时三点两点雨,到处十枝五枝花",空山无人,水流花开,那种静美,浸润着你,如一杯清凉的薄荷茶。

樱桃的美博得诗人们的青眼,无数的诗人捧它赞它,把樱桃生生地捧红了。唐代台州诗人项斯有一首《欲别》:"花时人欲别,每日醉樱桃。买酒金钱尽,弹筝玉指劳。"诗里有欲说还休的风情。

樱桃花谢后,开始结果。先是青色,慢慢地转红,这些累累坠坠的红果,看着就让人心醉。豪放派的辛弃疾写樱桃,写得是出奇的婉约:"何物比春风?歌唇一点红。"这樱桃真是万种风情了。用某种文艺腔的说法就是:红樱桃击中了辛弃疾心中最柔软的地方。

樱桃色泽浓艳,齐白石老先生称之为"女儿口色",齐白石画了一幅樱桃,他给樱桃题句:"若叫点上佳人口,言事言情总断魂。"白石老人一辈子没少为樱桃口的美人儿断魂。李渔在

《闲情偶寄》里,写到如何点绛唇:"至于点唇之法,又与匀面相反,一点即成,始类樱桃之体;若陆续增添,二三其手,即有长短宽窄之痕,是为成串樱桃,非一粒也。"樱桃小口、糯米牙、桃花腮,是美女的标准也。

文人们爱用樱桃比喻美女的小嘴,称之为樱桃小嘴,也是,世界上再也没有一种水果比樱桃更适合用来比拟佳人的红唇了。"樱桃小口"出自白居易的诗句,这位当过杭州市长的风流诗人有两位色艺俱全的家伎,歌伎樊素善歌,舞伎小蛮善舞。樊素的红唇,小巧鲜艳,像樱桃,而小蛮的细腰,柔弱纤细,像杨柳,白居易用两句诗赞美她俩:樱桃樊素口,杨柳小蛮腰。此诗流传至今,成为描写女子美色的经典。

白居易当时任刑部侍郎,官正四品,按规定只能蓄女伎三人,但他的家姬除了樊素、小蛮和春草以外,光吹拉弹唱的就有上百人,简直就是个歌舞班子。他常忘怀其中,兴之所至,赋诗云:"菱角执笙簧,谷儿抹琵琶。红绡信手舞,紫绡随意歌。"诗中的菱角、谷儿、红绡、紫绡都是他的家伎。白居易有《吴樱桃》:"含桃最说出东吴,香色鲜农气味殊。洽恰举头千万颗,婆娑拂面两三株。鸟偷飞处衔将火,人争摘时踏破珠。可惜风吹兼雨打,明朝后日即应无。"写的是樱桃,让人想到的却是红颜。红颜如樱桃,易老,也是这般的"明朝白日即应无"。佳果要珍惜,红颜要珍惜,美景要珍惜,这世上的一切好物事,都要珍惜。

桑葚

　　立夏时，桑葚已紫红，家门口的前丁街上，提着竹篮的妇人，沿街叫卖桑葚。看到这些紫红的果子，舌下沁出久违的酸酸甜甜的味道。

　　小时候，红娘和桑葚是我们吃得最多的果子。红娘就是鲁迅《从百草园到三味书屋》里写到的覆盆子，山路小径旁，常有一蓬蓬的长刺的藤，开春时，开粉红或白色的花，花谢时结出小青果，慢慢地，小青果变成小黄果，春再深一些，果实变得鲜红欲滴。山上还有一种野果，跟红娘差不多大小，叫蛇莓，大人说这是蛇爱吃的野果，有毒，吃不得。

　　桑葚当然也没少吃。桑葚是桑树的果实，台州人把桑葚叫作桑乌，大概取其颜色。春寒料峭时，桑树的枝丫冒出密密的嫩芽，等到天气转暖，桑树的叶子越长越茂盛，变得丰盈肥大。慢慢地，有珍珠般的果实从绿油油的桑叶间冒出来，先是青色，渐渐地变红。立夏时节，正是桑葚成熟的季节，青红的果儿变得红艳黑紫，饱满地在枝头簇拥着。初时，桑葚有些还甜中带酸，到小满时，则熟透色黑。

这时候，鸟儿也会飞过来，啄食桑葚，《诗经》中有"于嗟鸠兮，无食桑葚；于嗟女兮，无与士耽"句，意思是——贪吃的斑鸠啊，不要无节制地啄食桑葚，天真的女孩子呀，不要沉醉于男子编织的情网中，告诉涉世不深的女子要提防着花言巧语的男子。《诗经》里还有"维桑与梓，必恭敬止"句，意思是，对家乡的桑树和梓树，态度要恭敬。可见，桑树曾经是多么的饱受礼遇啊，《诗经》真是本有味道的书，孔子讲《诗经》的功用，除了"可以兴，可以观，可以群，可以怨"之外，还有"多识于鸟兽草木之名"，像我这样耽于生活趣味的人，喜欢《诗经》多于《道德经》。《诗经》里，沉淀着的不只是前朝烟火的历史碎屑，还有生机勃勃的一百多种植物，那些蒹葭那些卷耳，那些桑叶那些红蓼，那些苤苢（音浮以，车前草，台州话叫蛤蟆衣）那些谖草（萱草，忘忧草，台州话叫

江南佳果

黄花菜），都是拿来表情达意的，《诗经》时代的男女，总要借着植物互通款曲，玩的是"投我以木瓜，报你以琼琚"的把戏，哪怕男女间的情感到了烈火烹油、一点就着的阶段，看上去还是波澜不惊，欲说还休，直道天凉好个秋。

孩提时，桑葚是不花钱就可以尝到的零食，学校边上就有桑园。每到桑葚成熟时，小伙伴们就会爬到桑树上，不吃到嘴唇发紫像中了暗毒，是不肯罢休的。等下得树时，衣服上被桑葚儿的乌汁染得东一点黑，西一片乌，回家免不了挨大人一顿臭骂。看到桑葚，我会想起年少时的无忧无虑，年少时的任意妄为。

桑葚味道酸甜，有滋阴养血功效，加蜂蜜，可黑发明目，它还有解酒之功效。台州人善饮，亦多醉，用它解酒，最好不过。有一年，乡下亲戚送了我一大篮桑葚，吃了一些，还剩下一大半，我拿来做桑葚酱，剩下的拿来泡酒。我做过好几种果酒，除了桑葚酒，还酿过杨梅酒、葡萄酒，自酿的酒，味道格外好。

新疆也有桑葚，个头要比江南的大，也更甜。我去过新疆四五次，在万里国境线上探过秘，在德令哈的戈壁上数过星星，在白哈巴的密林中骑过马，在柴达木盆地徒过步，这都是有意思的事。去年应邀到新疆阿拉尔，在三五九旅屯垦纪念馆开了一场人文讲座，在当地援疆的蔡文富、林杰、陈引奭几位兄弟，招待得很热情，上的东西都很有新疆特色，除了大盘鸡、羊肉串，还有杏干、桑葚干等干果。新疆的桑葚实在甜，因为日照长，昼夜温差大，糖分足得很。新疆大地遍植桑树，立夏前后，桑树挂满了紫色的桑葚，村子里的桑葚结得太多了，维吾尔乡亲来不及采摘，只能任它掉在地上。掉在地上的桑葚太多了，树下铺了厚厚的一层，整个村庄像是浸泡在甜蜜的汁液里。采摘下来的桑葚做成桑葚酱，晒成桑葚干，这桑葚干黑紫黑紫的，甜得像蜜。

吃了桑葚，顺便说说桑树。桑树在文学作品常被赋予种种意义，《诗经》里写到很多植物，出现最多的就是桑。生长在江南，我们对与桑树有关的一切都不陌生。江南的孩子，谁没有摘过桑叶，养过蚕呢，我们看着蚕结成茧，也看过蝶破茧而出。我们吃过桑葚，也用过蚕屎做的枕头——蚕屎一粒粒，黑黑的，硬实得很，台州民间用来做枕头，说是可以让小孩枕出方正的头型，还可以明目，它是一味中药，称之为晚蚕沙，有祛风除湿、清热活血的功能。

桑树简直是宝树，无一处不可用。桑树最宜做犁等农具，木质细，弯曲度好。桑叶是蚕的食物，还是天然的植物染料。至于桑树皮，可以拿来造纸。北宋初年，台州用青竹、桑皮、笋壳做出了玉版纸、花笺纸、南屏纸、小白纸和桑皮纸，苏东坡用了台州的玉版纸后，大为激赏，说比当时著名的澄心堂纸还要好。

从桑葚扯到玉版纸，有点扯远了。就此打住。

甘
蔗

诗人郭小川有一首《青纱帐——甘蔗林》，他写道："南方的甘蔗林哪，南方的甘蔗林！你为什么这样香甜，又为什么那样严峻？"每次回老家，看到路边大片的甘蔗林，青绿的叶子交错纠缠，繁茂密集，阳光明朗朗地照着，我感到生活是"这样香甜"，但我没有像郭诗人一样，感觉"那样严峻"——是家乡的甘蔗林过于甜美，还是我的感觉过于迟钝？

甘蔗是"甜蜜的草"，当年亚历山大大帝东征印度，部下禀报说，印度有一种草，不需要蜜蜂，就能产出蜜糖。这种"草"，就是甘蔗。甘蔗是快速生长的实心眼的草本植物，无论在温

带，还是在热带，都能生长，世界上有一百多个国家出产甘蔗，"古巴三宝"甘蔗、雪茄、朗姆酒，朗姆酒就是用甘蔗做的。

在我的家乡，甘蔗很少用来酿酒，它通常拿来制糖。家乡的红糖很是出名，还获得国家农产品地理标志认证。红糖脱胎于甘蔗，从甘蔗到红糖，要经过种植、收割、压榨、提纯、浓缩、结晶等一道道工序，才能完成从青涩小伙到暖男的华丽转身。春天时，把节多芽旺的种蔗，埋在地里，没多久，绿油油的叶子就把秆子全围住了，这个时候，要给它剥去叶子，让它见风见光，享受阳光雨露，才能茁壮成长。在密不透风的甘蔗地里剥甘蔗叶，是辛苦活，锯子般的叶子常把蔗农的皮肤割出一道道血痕，被汗水一浸，火辣辣的疼。霜降时节，蔗农们提着蔗刀进入甘蔗林，像砍柴般砍下一株株甘蔗。

本地的甘蔗多为果蔗，有青皮和紫皮两种。这两种甘蔗，身材、颜色不同，习性也不同，青皮甘蔗，俗称竹蔗，青色修长，味甘性凉，有清热之效，能解肺热和肠胃热，而紫皮甘蔗，皮色深紫近黑，圆润丰满，温和滋补，只是喉痛热盛者不宜多吃。温岭联树的紫皮甘蔗十分出名，有一年冬天，联树甘蔗大丰收，单位头头是温岭人，从联树拖来整车皮的甘蔗，给每人发了两大捆紫皮甘蔗，算是单位的年终福利。有一位老记者，吭哧吭哧把甘蔗扛回家，扛累了，发牢骚说，发什么不好发，发劳什子甘蔗。然而吃了一节甘蔗，他感觉味道甚好，吃完后便追着领导问，什么时候再发甘蔗？那个冬天，我们下班后，没事就回家啃紫皮甘蔗，好多人啃得嘴里起了泡，还险些啃成大龅牙。

红糖和中助脾，亦能补血破瘀，故有"女子不可百日无糖"之说。家乡的父老乡亲爱吃红糖，把红糖的好处发挥得淋漓尽致。他们不仅以红糖当茶饮，还把红糖做成各种点心：红糖麻糍、红糖馒头、红糖年糕、红糖庆糕、红糖锅盔、翻糙圆、红糖鸡子茶、红糖桂圆茶、姜汁调蛋等。我喜欢古方红糖，流水线上出来的红糖，口感怎么也比不上土灶头上手工熬制的古方红糖。老手艺是原始简朴的，重要的是舍得赔上自己的时间。

古巴人拿甘蔗做酒，家乡人拿甘蔗解酒。古人也知道甘蔗解酒，写"春城无处不飞花"的隋唐大才子韩翃，就有"加餐共爱鲈鱼肥，醒酒仍怜甘蔗熟"句，唐人元稹也说"甘蔗销残醉，醍醐醒早眠"。《本草纲目》也写道："蔗，脾之果，其浆甘寒，能泻火热，消渴解酒。"看来诗人所言不虚。烤熟的甘蔗据说还能治感冒咳嗽。某年去海南，看到街头有小贩在卖烤甘蔗，一节节乌紫圆胖的甘蔗，躺在炭火上烤，烤熟后，有一种热热的清甜。小贩言之凿凿，烤甘蔗可治疗感冒咳嗽。小贩的话，不知真假，如果是真的，那应该属于"祖国传统医学"的范畴了。

有一年开春，到南京夫子庙游玩，逛吃逛吃时，看到有人在卖鲜榨甘蔗汁。小贩将切成一段段的甘蔗，放进一个大大的铁

江南草木记

皮机器里，那机器吃里扒外转了几下，就吐出一堆渣滓，流出一杯甘蔗汁。一喝，十分清甜，喝一杯不过瘾，又要了一杯。大前年冬天出差到武汉，吃多了火锅上火了，在武汉的户部巷，又看到鲜榨甘蔗汁，很多人挤着买，当即买了两杯痛饮。一边喝一边瞎想：古人称甘蔗汁为"天生复脉汤"，鲜榨甘蔗汁生意这般好，不如弄个铁家伙回去，在家乡的街头现榨鲜甘蔗汁卖。

魏文帝曹丕喜欢咔嚓咔嚓地咬甘蔗吃。有一次魏文帝和将军邓展切磋剑术。魏文帝正啃着甘蔗，一时高兴，就拿着甘蔗当武器，和将军比试起来。没几下，就把将军打倒了。曹丕很为自己的身手敏捷而得意。甘蔗既可以拿来切磋剑术，也可以当烟枪，清末盛行抽大烟，台湾人就用甘蔗做成鸦片枪，在上面镶上金玉珠宝，最贵的一根价值数金。这也算是另类的文化创意，在那个吸鸦片成风的年代，大大增加了甘蔗的"产品附加值"。

友人中，有一身家过亿的土豪，发迹之前在外地街头卖甘蔗，第一桶金就是在甘蔗上榨取的。他削一支甘蔗，只需几秒钟，削甘蔗的速度可以与上海滩的大佬杜月笙削梨的速度相媲美。杜月笙早年在十六铺窜来窜去吆喝卖梨，削一只梨只需七秒，而且一溜梨皮不断，后来他摇身一变成为上海大亨，他有几句话很经典："人可以不识字，但不能不识人""钱财用得完，交情吃不光"。杜月笙为人十分豪爽仗义，虽然发迹了，但他最爱的水果还是甘蔗。

江南佳果

本地人把甘蔗称为糖梗,取其外形和味道,直截了当又贴切。关于糖梗,本地有不少俚语,句句都是微言大义,比如,本地人说的"口嚼糖梗渣",指的是淡而无味,那些凑合型的夫妻,他们的婚姻生活便是"口嚼糖梗渣";"糖梗老来甜,夫妻老来亲",则包含着与子偕老的恩爱;"糖梗肉"指人生最美好的一段青春岁月;"糖梗呒有两头甜",是指好事勿会让人独占——因为糖梗脑头好啃,但不太甜,而糖梗桩头虽甜,但硬得难以下嘴;"糖梗淬",则是取其无用;至于"顺梢吃糖梗—— 一节比一节甜",意味着渐入佳境。《辞海》中就有"蔗境"一词,寓意人生晚景的美好。

甘蔗跟芝麻一样,有很好的寓意,随便说一句都是吉祥语。在这里,我要借甘蔗祝福你,也祝福自己。愿你我的人生如芝麻开花,节节高,日子如顺梢吃糖梗,一节更比一节甜。

江南草木记